高等职业教育装备制造类专业系列教材
"互联网+"新形态立体化教学资源精品教材

普通车铣切削加工技术基础

主编 ◎ 刘 磊　何飞迎　杨国文

中国轻工业出版社

图书在版编目（CIP）数据

普通车铣切削加工技术基础 / 刘磊，何飞迎，杨国文主编. --北京：中国轻工业出版社，2025. 7.
ISBN 978-7-5184-5498-3

Ⅰ．TG51

中国国家版本馆 CIP 数据核字第 2025CU7205 号

责任编辑：刘鹏宇　　责任终审：李建华　　封面设计：锋尚设计
策划编辑：宋　博　　责任校对：吴大朋　　责任监印：张　可

出版发行：中国轻工业出版社（北京鲁谷东街 5 号，邮编：100040）
印　　刷：北京君升印刷有限公司
经　　销：各地新华书店
版　　次：2025 年 7 月第 1 版第 1 次印刷
开　　本：787×1092　1/16　印张：11
字　　数：260 千字
书　　号：ISBN 978-7-5184-5498-3　定价：49.80 元
邮购电话：010-85119873
发行电话：010-85119832　010-85119912
网　　址：http://www.chlip.com.cn
Email：club@chlip.com.cn
版权所有　侵权必究
如发现图书残缺请与我社邮购联系调换
241246J2X101ZBW

前言
Foreword

随着当今机械制造行业的不断发展，职业院校学生对专业知识技能的实际需求不断变化，对于职业院校的教学也不断提出新的要求。根据实践教学环境条件结合需求编写一本适合于职业院校机械类、数控类、航空类专业学生与定向军事生基础实训教学的教材是十分必要的。本书是为适应新形势下高等教育的要求，培养现代化应用型人才，汲取了国内外优秀教材和文献资料的优点编写而成的。

本书主要内容包括：普通车削、铣削的基本概念、特点；车床、铣床基础操作环节、常规保养等，让学生初步了解和认识普通车床、铣床的基本知识；掌握普通车床、铣床操作技术，能完成简单零件加工，并学会检验零件的加工质量。通过本书学习学生应能获得初级证书或中级证书。本课程内容主要分两个模块：车削模块和铣削模块，其中车削模块为项目1至项目8，包含内容：

（1）普通车床基础操作；
（2）CA6140A车床常用刀具及安装；
（3）车床维护与保养规范；
（4）常规机械加工车削操作；
（5）典型零件普通车削加工及检验。

铣削模块为项目9至项目14，包含内容：

（1）普通铣床基础操作；
（2）铣床常用刀具的安装及对刀操作；
（3）铣床维护与保养规范；
（4）典型零件普通铣削加工及检验。

在编写本书的过程中，编者遵从职业院校机械制造专业等人才培养方案，坚持够用、实用的原则，力求使内容简明易懂，培养学生认真、思考、勤劳的综合能力，能够完成中等复杂程度的典型零件切削加工，并对其加工质量进行检测、处理和分析；通过实训教学培养学生具有质量意识、安全意识、规范意识，追求卓越、精益求精、无私奉献的工匠精神和"零缺陷、无差错"的职业素养。

本书由长沙航空职业技术学院刘磊（编写项目2、项目4~项目6），中国航发南方工业有限公司何飞迎（编写项目1、项目3），湖南航空技师学院（原湖南工贸技师学院）杨国文（编写项目9、项目11）担任主编；长沙航空职业技术学院唐伟（编写项目7~项目8）、朱四海（编写项目10、项目12）担任副主编。编写团队成员有长沙航空职业技术学院洪晓东、张荣（编写项目13~项目14）、盛科；本书参考了大量英文技术资料和文献，由简剑芬负责整理与翻译，在此一并表示诚挚的谢意！长沙航空职业技术学院教务处对本书的编写进行了精心组织筹划和大量的协调工作，编者在此一并表示衷心的感谢。在编写本书过程中，编者参考了部分国内外文献资料和高等院校的有关教材，在此对原作者深表感谢。由于编者水平有限，书中不妥和疏漏之处在所难免，恳请读者不吝赐教。

编者

目 录 Contents

模块 1　普通车削加工训练 ·· 1
 项目 1　普通车床基础操作 ·· 2
 项目 2　CA6140A 车床常用刀具及安装 ·································· 12
 项目 3　车床维护与保养规范 ·· 27
 项目 4　常规机械加工车削操作 ··· 39
 项目 5　工件安装校正训练 ··· 51
 项目 6　销类零件加工 ··· 59
 项目 7　轴类零件加工 ··· 73
 项目 8　套类零件加工 ··· 88

模块 2　普通铣削加工训练 ·· 99
 项目 9　普通铣床基础操作 ··· 100
 项目 10　铣床常用刀具的安装 ·· 117
 项目 11　铣床维护与保养规范 ·· 127
 项目 12　六面体铣削加工 ·· 136
 项目 13　槽类零件铣削加工 ··· 144
 项目 14　斜面、台阶、等分零件铣削加工 ······························ 155

参考文献 ·· 167

模块 1

普通车削加工训练

项目 1　普通车床基础操作

1.1　学习目标及任务描述

1.1.1　知识目标

（1）了解车削加工安全文明实训要求；
（2）了解实训车间规章制度；
（3）了解车削加工基础知识；
（4）了解普通车床的基本操作方法。

1.1.2　技能目标

（1）能熟练掌握实训场所实训注意事项；
（2）能认识工具的名称及基本用途；
（3）能进行车床的简单操作与保养。

1.1.3　素质目标

（1）养成热爱科学、实事求是的学风；
（2）具备严谨、细心、全面、追求高效、精益求精的职业素质；
（3）遵循安全文明生产规程，逐步形成规范车削操作的职业素养；
（4）具备沟通协调能力、团队合作精神，以及较强的好学精神。

1.2　任务描叙

车床是切削机械加工中最主要的设备，其特点是车刀对旋转工件进行加工，在车床上除做径向旋转加工外，还可以进行钻孔、扩孔、丝锥、板牙、滚花等。通过本任务的学习,了解车床的主轴箱、进给箱、丝杠、光杠、溜板箱刀架、尾架。

1.2.1 工作任务卡

工作任务卡是企业生产常用的调度管理方式,它一目了然,便于理解。如表1-1所示为普通车床基础操作实训的工作任务卡。

表1-1　　　　　　　　　　　工作任务卡

编号	1	任务名称	普通车床基础操作
设备型号	CA6140A	工作区域	机加实训中心——车削教学区
版本	V1	建议学时	6学时

1. 金工实训工作守则				
1. 坚持安全、文明生产规范,严格遵守车间制度和劳动纪律 2. 着装规范(工作服、劳保鞋),不携带与生产无关的物品进入车间 3. 实训现场工具、量具和刀具等相关物料的定制化管理 4. 开启电气设备时,必须严格遵守其操作规程,严禁徒手清理铁屑				
2. 工具				
类别	名称	规格型号/mm	单位	数量
工具	卡盘扳手	10	把	1
	刀架扳手	10	把	1
	加力杆	250	把	1
	内六角扳手	1.5~10.0	套	1
	活动扳手	300	把	1
	垫片	0.2~2.0	片	若干
	切削屑钩	300	把	1
	卫生清洁工具毛刷等		套	1
3. 工作任务				
(1)独立完成CA6140A车床开关机检查 (2)独立操作CA6140A车床 (3)独立完成CA6140A车床主轴变速 (4)独立完成CA6140A车床手动进给 (5)独立完成CA6140A车床基础保养				
4. 工作准备				
(1)技术资料:工作任务卡1份 (2)工作场地:有良好的照明、通风和消防设施等条件 (3)工具:按"工具"栏准备相关工具 (4)建议分组实施教学。每2人为一组,每组配备一台车床,通过分组讨论操作训练 (5)劳动防护:穿戴劳保用品、工作服				

1.2.2 引导问题

(1) 普通车床开关机有哪些注意事项？
(2) 普通车床工作特点是什么？
(3) 普通车床有哪些运动方式？
(4) 普通车床关机有没有什么顺序？

1.3 知识链接

1.3.1 车削概述

切削加工是按照图样给定的加工要求，利用切削刀具或工具将零件毛坯（铸件、锻件或型材坯料）上多余的材料切去，从而使工件达到规定形状、尺寸、精度和表面质量的一种加工方法。机械加工是通过工人操作机床进行切削加工，按所用的切削工具的类型又可分为两类：一类是利用刀具进行加工的，如车削、钻削、镗削、铣削、刨削等；另一类是利用磨料进行加工的，如磨削、珩磨、研磨、超精加工等。如图1-1所示为常见切削加工方式的应用举例。

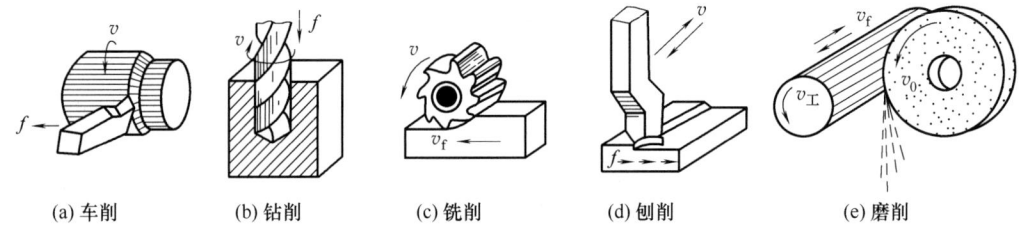

图1-1 常见切削加工方式的应用举例

车削加工是指在车床上利用车刀与工件之间的相对运动从而改变毛坯材料的外形尺寸、表面粗糙度、形位公差等，从而得到所需要的零件的过程。通常将使用车床的工种称为车工。

在车床使用不同的车刀或其他刀具，可以加工各种回转表面，如内外圆柱面、内外圆锥面、螺纹、沟槽、端面和成形面等，加工精度可达IT8~IT7，表面粗糙度$Ra1.6$~$0.8\mu m$，高精度的车床加工能达到$Ra0.01\mu m$以下。车削常用来加工单一轴线的零件，如直轴和一般盘、套类零件等。若改变工件的安装位置或将车床适当改装，还可以加工多轴线的零件（如曲轴、偏心轮等）或盘形凸轮。单件小批生产中，各种轴、盘、套等类零件多选用适应性广的卧式车床或数控车床进行加工；直径大而长度短（长径比0.3~0.8）的大型零件，多用立式车床加工。成批生产外形较复杂，具有内孔及螺纹的中小型轴、套类零件时，应选用转塔车床进行加工；大批、大量生产形状不太复杂的小型零件,如螺钉、螺母、管接头、轴套类零件时,多选用半自动和自动车床进行加工。

1.3.2 切削运动

在车床上进行切削加工时,切削刀具和工件按一定规律作相对运动,即切削运动。根据在切削过程中所起的作用不同,切削运动可分为主运动和进给运动。主运动即车床主轴带动工件进行旋转运动,是使工件与刀具产生相对运动进行切削的最基本运动,主运动的速度较高,所消耗的功率较大,同时也担负着主要的切削任务。在车削运动中主运动只有一个。进给运动即车刀的移动,是车刀在与中心轴等高的水平面上不断地把工件切削,逐渐切削出整个工件表面的运动。进给运动一般速度较低,消耗的功率较少,可由一个或多个运动组成。进给运动可以是连续的,也可以是间断的。

刀具在每一次行程中,工件上都有三种变化着的表面,如图 1-2 所示。

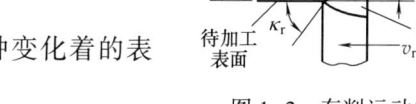

图 1-2 车削运动中的各种加工表面

① 待加工表面:加工时即将被切除的表面;
② 已加工表面:切削后得到符合要求的工件新表面;
③ 加工(过渡)表面:切削刃正在切削的表面,它是待加工表面和已加工表面之间的表面。

1.3.3 车床的功用

车床能够加工的零件主要是回转体表面,具体能够加工的表面主要包括如图 1-3 所示。

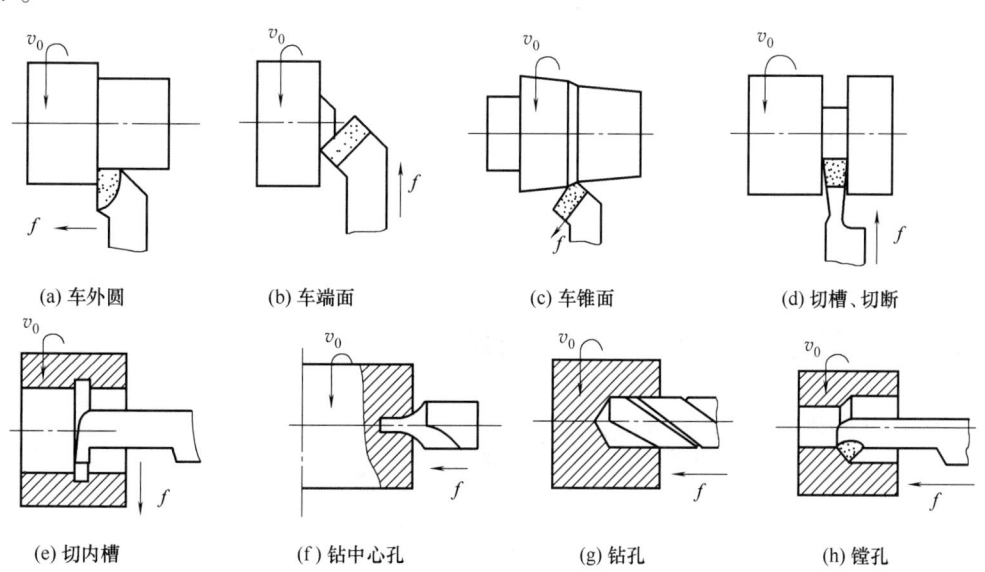

(a) 车外圆　(b) 车端面　(c) 车锥面　(d) 切槽、切断
(e) 切内槽　(f) 钻中心孔　(g) 钻孔　(h) 镗孔

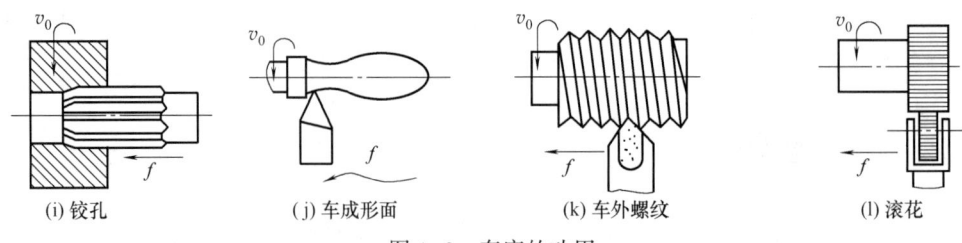

图 1-3　车床的功用

1.3.4　车床型号

按国家标准《金属切削机床　型号编制方法》(GB/T 15375—2008)规定,机床型号由一组汉语拼音字母和阿拉伯数字按一定规律组合而成,机床型号由多个部分组成,主要部分包括:类代号、通用特性和结构特性代号、组和系代号、主参数或设计顺序号、主轴数或第二主参数、重大改进顺序号等。辅助部分包括:其他特性代号、企业代号等。这些部分共同描述了机床的类型、特性、规格和改进情况。

类代号用大写的汉语拼音字母表示,例如"C"表示车床,"M"表示磨床。某些机床类别下还有进一步的分类,分类代号用阿拉伯数字表示,置于类代号之前。

特性代号包括通用特性和结构特性,也用汉语拼音字母表示。例如,CM6132 中的"M"表示精密,CA6140 中的 A 表示某种结构特性。

每一类机床分为若干组,每组又分为若干型。用两位数字作为组和型别代号,位于类代号和特性代号之后,第一位数字表示组别,第二位数字表示型别。

主参数表示机床的规格和加工能力,通常用两位十进制数并以折算值表示。例如,车床的主参数是工件的最大回转直径,其毫米数除 10 即为主参数值。

重大改进顺序号是对于经过重大改进的机床,在原机床型号后面以英文字母 A、B、C 等表示是第几次重大改进的序号。例如,Y7132A 和 Z3040A 都表明是第一次重大改进。

例如:CA6140A 的含义:

C——车床类的金属切削机床。

A——在型号中加结构特性代号予以区别,它在型号中没有统一的含义,只在同类机床中起区分机床结构性能不同的作用。

6——落地及卧式车床。

1——代表普通型车床。

40——主参数为最大回转直径为 400mm。

A——经过一次重大改进。

1.3.5　车床的主要组成及操作方法

(1) 卧式车床的传动系统如下:

电动机→皮带轮→主轴变速箱→主轴→卡盘(工件)
　　　　　　　　　　　　　↓
　　　　交换齿轮箱→进给箱→光丝杠→溜板箱→车刀
　　　　　　　　　　　　　　　　　　(纵向、横向、斜向)

（2）车床组成 通过对车床组成的介绍，示范车床操作技术，如图 1-4 所示。

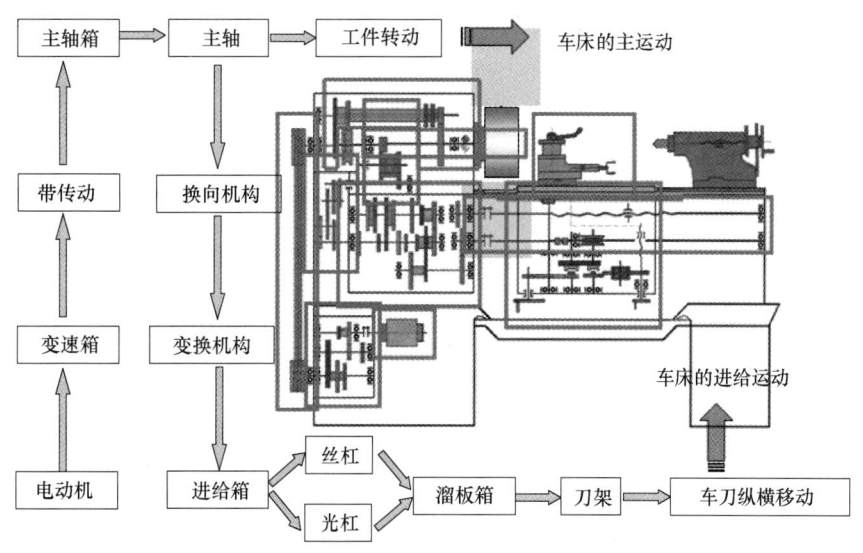

图 1-4 车床的传动

普通车床的主要组成部件有：主轴箱、交换齿轮箱、进给箱、溜板箱、刀架、尾座、光杠、丝杠和床身。

① 主轴箱：又称床头箱，它的主要任务是将主电机传来的旋转运动经过一系列的变速机构使主轴得到所需的正反两种转向的不同转速，同时主轴箱分出部分动力将运动传给进给箱。主轴箱中的主轴是车床的关键零件。主轴在轴承上运转的平稳性直接影响工件的加工质量，一旦主轴的旋转精度降低，则机床的使用价值就会降低。

② 交换齿轮箱：位于车床的左侧，用于把主轴的旋转运动传递给进给箱，并通过变换箱内的齿轮，和进给箱及长丝杠配合满足车削各种作业需求。

③ 进给箱：又称走刀箱，进给箱中装有进给运动的变速机构，调整其变速机构，可得到所需的进给量或螺距，通过光杠或丝杠将运动传至刀架以进行切削。

④ 丝杠与光杠：用以联接进给箱与溜板箱，并把进给箱的运动和动力传给溜板箱，使溜板箱获得纵向直线运动。丝杠是专门用来车削各种螺纹而设置的，在进行工件的其他表面车削时，只用光杠，不用丝杠。

⑤ 溜板箱：车床进给运动的操纵箱，内装有将光杠和丝杠的旋转运动变成刀架直线运动的机构，通过光杠传动实现刀架的纵向（轴向）进给运动、横向（径向）进给运动和快速移动，通过丝杠带动刀架作纵向直线运动，以便车削螺纹。

⑥ 刀架：刀架部件由几层刀架组成，它的功能是装夹刀具，使刀具作纵向、横向或斜向进给运动。

⑦ 尾座：安装作定位支撑用的后顶尖、也可以安装钻头、铰刀等孔加工刀具来进行孔加工。

⑧ 床身：在床身上安装着车床各个主要部件，使它们在工作时保持准确的相对位置。

1.3.6 主轴箱的变速操作

主轴箱的变速操作是通过改变主轴箱正面右侧的两个叠套手柄的位置来控制。前面的手柄有 6 个挡位，每个有 4 级转速，由后面的手柄控制，所以主轴共有 24 级转速。主轴箱正面左侧的手柄用于螺纹的左右旋向变换和加大螺距，共有 4 个挡位，即右旋螺纹、左旋螺纹、右旋加大螺距螺纹和左旋加大螺距螺纹，主轴变速挡位图如图 1-5 所示。

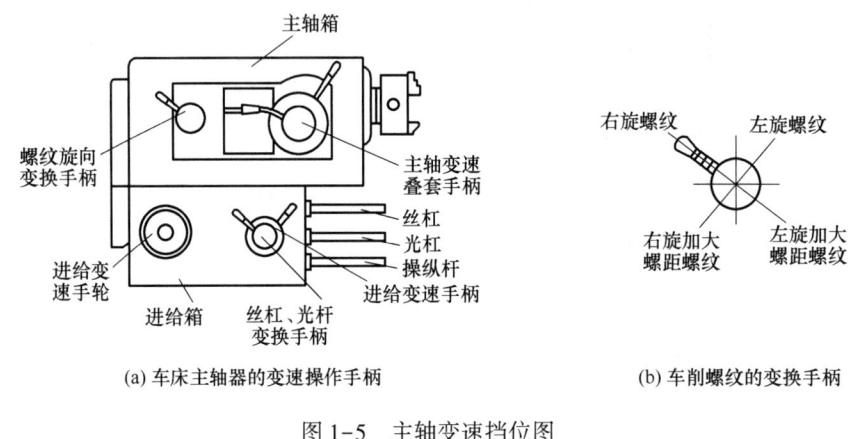

图 1-5　主轴变速挡位图

1.4　工作计划

（1）独立完成 CA6140A 机床开机与关机，并描述开关机的具体操作步骤。

（2）独立完成 CA6140A 主轴变速的操作，并描述具体操作步骤。

（3）独立完成 CA6140A 手动进给的操作流程，并描述具体操作步骤。

1.5 工作实施流程及操作要求

工作实施及操作流程、工作、学习内容见表1-2。

表1-2　　　　　　　　　操作流程、工作、学习内容

序号	操作流程	工作内容	学习问题反馈
1	机床开机	检查机床→开机→低速热机	
2	手动控制主轴正反转	在手动方式下,手动控制主轴正反转	
3	主轴变速	通过调节主轴调速手柄变换所需转速	
4	手动移动工作台	在手动进给方式下移动工作台各方向移动	
5	手动换刀	在手动方式下手动切换刀架	
6	开关冷却液	手动打开和关闭冷却液	
7	机床关机	机床回最初起始位置→检查机床→关机	

1.6 安全注意事项

1.6.1 CA6140A车床开机前检查

（1）确保没有人员在操作设备和维修设备。
（2）检查机床的润滑油箱的液位表是否在正常范围。
（3）检查机床的急停按钮是否按下处于急停状态。
（4）上车床前必须穿好工作服，袖口扎紧；女生必须戴好工作帽。
（5）操作车床时禁止戴手套，两人共用一台车床只准一人操作。

1.6.2 CA6140A车床开机步骤

（1）启动车床前必须检查各手柄是否在正确位置，卡盘扳手是否取下。
（2）确认开机前检查正常后，接通车间电源开关。
（3）启动车床前使用机油枪给各个润滑点的弹子油杯加注机油，并低速运转机床3~5min。

1.6.3 CA6140A车床关机步骤

（1）将车床的尾座移动至车床导轨尾部，确保尾座套筒上没有刀具，套筒缩到最里

面位置。

(2) 将车床的溜板箱移动至导轨尾部紧贴着尾座位置。
(3) 按下急停按钮,确认机床处于急停状态。
(4) 断开机床电源开关。
(5) 断开车间电源控制柜中该机床的电源开关。

1.7 考核与评价

序号	操作流程	工作内容	学习问题反馈
1	车床的基础维护和保养	1. 弹珠油杯加注机油 2. 机床预热,低速运转 3~5min 3. 清理机床内部的铁屑,确保机床表面各位置的整洁,清扫机床周围的卫生,做好设备的保养,场地清扫等	
2	车床主轴变速训练	进行主轴变速	
3	手动进给训练	1. 进行大、中、小滑板快速进给训练 2. 进行大、中、小滑板慢速均匀进给训练	

作为一门专业实践课,操作规范与职业素养是贯穿整个课程的过程性考核,具体评价项目及标准如表1-3所示。

表1-3　　　　　　　　　　职业素养考核评价标准

考核项目	考核内容	配分	扣分	得分
实训纪律	服从安排,场地清扫等。违反一项扣5分	10		
安全生产	安全着装,按规程操作等。违反一项扣5分	10		
职业规范	机床预热,按照标准进行设备点检。违反一项扣5分	10		
文明生产	工具、量具、刀具定制摆放、工作台面的整洁等。违反一项扣5分	10		
清洁、清扫	清理机床内部的切削屑,确保机床表面各位置的整洁,清扫机床周围的卫生,做好设备的保养。违反一项扣5分	20		
整理、整顿	工具、量具的整理与定制管理。违反一项扣5分	20		
职业素养	严格执行设备的日常点检工作。违反一项扣5分	20		
合计		100		

精益求精、追求卓越的艾爱国

工匠是指具有某种手艺特长的匠人,他专注于某一专业,全身心地投入,持之以恒、精益求精地完成工作。

作为工匠精神的杰出代表,艾爱国精益求精、追求卓越、勇于自主创新,成为了具有绝技的焊接工人。由艾爱国牵头成立的湘钢焊接试验室于2009年通过了计量资质 CMA 认证；2013 年被湖南省总工会命名为"湖南劳模示范创新工作室"；2014 年被中华全国总工会命名为"全国示范性劳模创新工作室"；2018 年批准成为"焊接工艺技术湖南省重点实验室"。艾爱国带领他的团队参与了"贯流式"新型高炉紫铜风口焊接等国内多项"大国重器"与"超级工程"，为我国冶金、矿山、机械、电力、军工等行业攻克各种焊接技术难关数百项。

1.8 总结与提升

1.8.1 项目实施情况分析

项目完成后，根据项目实施情况，分析存在的问题及原因，并填写表 1-4。指导老师对项目实施情况进行讲评。

表 1-4　　CA6140A 车床操作基础项目实施情况分析表

项目实施过程	存在的问题	解决的办法
机床操作		
安全文明生产		

1.8.2 总结

本章节聚焦车床基础操作，从知识、技能、素质目标达成情况展开，进一步细化内容，突出重点操作。

经过大量实操练习，学生能够熟练且规范地进行车床基础操作。在车削任务中，能根据工件材质、形状和尺寸，迅速且准确地调整车床转速与进给量。例如，在车削铝合金材质的外圆时，能合理选择较高的切削速度和适当的进给量，确保加工表面质量的同时，提高加工效率。操作过程中，动作流畅自然，对刀具位置的控制精准到位，展现出良好的操作熟练度。

项目 2　CA6140A 车床常用刀具及安装

2.1　学习目标及任务描述

2.1.1　知识目标

(1) 了解车刀的分类、结构及角度；
(2) 了解 90°外圆车刀结构；
(3) 了解 90°外圆车刀安装的方法；
(4) 了解外圆切槽刀（切断刀）安装的方法。

2.1.2　技能目标

(1) 能够独立进行 90°外圆车刀安装；
(2) 能够独立进行切槽刀安装；
(3) 能够独立完成故障车刀更换。

2.1.3　素质目标

(1) 养成科学严谨、实事求是的学风；
(2) 具备细心、耐心、精益求精的职业素质；
(3) 培养遵循安全文明生产规程的基本职业素养。

2.2　任务描叙

车刀的种类很多，本任务主要学习外圆和内圆车刀、端面车刀、切断车刀、螺纹车刀、钻孔和铰孔车刀，以及安装、对刀、磨刀等基本操作方法。通过学习掌握刀具的选择、安装、使用、维护。

2.2.1　工作任务卡

表 2-1 所示为 CA6140A 车床常用刀具及安装实训的工作任务卡。

表 2-1　　　　　　　　　　　　　　工作任务卡

编号	2	任务名称	CA6140A 车床常用刀具及安装
设备型号	CA6140A	工作区域	机加实训中心——车工教学区
版本	V1	建议学时	6 学时

1. 金工实训工作守则

1. 坚持安全、文明生产规范，严格遵守车间制度和劳动纪律
2. 着装规范（工作服、劳保鞋），不携带与生产无关的物品进入车间
3. 实训现场工具、量具和刀具等相关物料的定制化管理

2. 工具、量具、刀具

类别	名称	规格型号/mm	单位	数量
工具	卡盘扳手	10	把	1
	刀架扳手	10	把	1
	加力杆	250	把	1
	内六角扳手	1.5～10.0	套	1
	活动扳手	300	把	1
	垫片	0.2～2.0	片	若干
	切削屑钩	300	把	1
	卫生清洁工具		套	1
量具	游标卡尺	0～150	把	1
刀具	90°外圆车刀	16×16×150	把	1
	外圆切槽（断）刀	4×16×150	把	1

3. 工作任务

（1）独立完成高速钢外圆车刀的安装
（2）独立完成硬质合金外圆车刀的安装
（3）独立完成外圆切断刀的安装

4. 工作准备

（1）技术资料：工作任务卡 1 份
（2）工作场地：有良好的照明、通风和消防设施等条件
（3）工具、量具、刀具：按"工具、量具、刀具"栏目准备相关工具、量具和刀具
（4）建议分组实施教学。每 2 人为一组，每组配备一台 CA6140A 车床。通过分组讨论完成外圆车刀、切断车刀等车刀安装，并检验是否与中心轴等高
（5）劳动防护：穿戴劳保用品、工作服

2.2.2　引导问题

（1）常用车刀类型有哪些？
（2）车刀刀尖是否需要对中（轴心）？
（3）高速钢车刀刃磨后是否需要重新对刀？

2.3 知识链接

2.3.1 常用车刀基础知识

为了满足车削加工的要求，车削刀具应满足如下要求。

(1) 刀具材料应具有高的可靠性　车刀材料应具有高的耐热性、抗热冲击性和高温力学性能。

(2) 车刀具应具有高的精度　车削加工要求刀具的精度要高，对车刀的尺寸、角度都有严格的精度要求。

(3) 车刀应能实现快速更换　车刀应能适应快速、准确的自动装卸，要求刀具互换性好、更换迅速、尺寸调整方便、安装可靠、换刀时间短。

(4) 车刀应标准化和通用化　车刀应实现标准化和通用化，可尽量减少刀具规格，便于刀具管理，降低加工成本，提高生产效率。

(5) 车刀应能保证生产的稳定和切削屑不伤及零件　为了保证生产稳定进行，车刀应能可靠地断屑或卷屑。

2.3.2 常用车刀介绍

车刀是车床加工中常用的切削工具之一，其种类繁多，根据不同的用途和材质，车刀可以分为多种类型。下面将介绍几种常见的车刀及其用途。

(1) 外圆车刀　外圆车刀是最常见的一种车刀，用于加工外圆面。根据不同的刀具形状，外圆车刀又可分为90°刀、45°刀、60°刀等。90°刀适用于加工直径较小的工件，而45°刀和60°刀适用于加工直径较大的工件。外圆车刀广泛应用于车削车轮、轴承等工件的加工，如图2-1所示为外圆车刀。

(2) 内圆车刀　内圆车刀用于加工内圆孔（孔径较大的内圆），通常采用刀柄和刀片的组合形式。内圆车刀的刀片形状有直角刀、半圆刀、扇形刀等。内圆车刀广泛应用于加工轴承内圆、套筒、内沟、内凸台等，如图2-2所示为内圆车刀。

图 2-1　外圆车刀

图 2-2　内圆车刀

(3) 端面车刀　端面车刀是用来加工平面的车刀，主要用于加工平面、开槽、切槽等工序。根据不同的刀片形状，端面车刀可分为直角刀、斜角刀、圆角刀等。端面车刀广泛应用于加工平面、孔底、槽底等，如图 2-3 所示为端面车刀。

(4) 螺纹车刀　螺纹车刀是用来加工螺纹的专用车刀，根据不同的刀片形状，螺纹车刀可分为直角刀、斜角刀、圆角刀等。螺纹车刀广泛应用于加工各种螺纹工件，它们有两种类型：外螺纹刀具和内螺纹刀具。

① 外螺纹刀具。外螺纹刀具也称为螺纹刀具。它们被定义为用于加工工件外螺纹的刀具，如图 2-4 所示为外螺纹车刀。

图 2-3　端面车刀

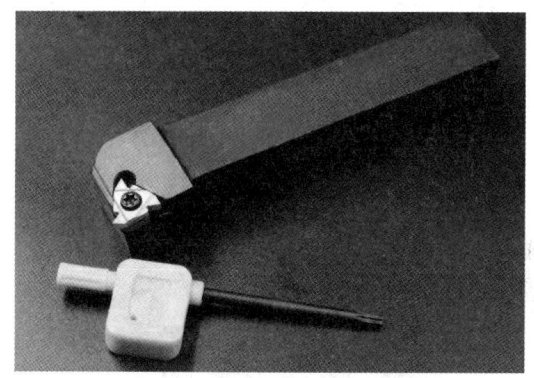

图 2-4　外螺纹车刀

② 内螺纹刀具。内螺纹刀具定义为用于在工件中加工内螺纹的刀具，如图 2-5 所示为内螺纹车刀。

(5) 切槽车刀　切槽车刀用于加工槽口和切槽，常见的有直角刀和 V 型刀。直角刀适用于加工直角槽，V 型刀适用于加工 V 型槽。切槽车刀广泛应用于加工各种工件的槽口，如图 2-6 所示为切槽、切断车刀。

图 2-5　内螺纹车刀

图 2-6　切槽、切断车刀

(6) 倒角刀具　倒角刀具可被定义为用于在螺栓上设计斜面或沟槽的刀具。这些刀具用于对工件的边缘或角落进行倒角。当需要进行大量的倒角工作时，则需要使用带有侧切角的特定倒角刀具，如图 2-7 所示为倒角车刀。

（7）钻孔刀具　钻削刀具也是车床中非常重要的钻孔刀具。车床上给工件钻孔是把工件固定在卡盘上，钻头固定在尾座钻架中，孔应通过尾座主轴作纵向（轴向）运动完成，普通车床钻孔直径为 0.5～13mm（超过这个直径就得用钻床完成），如图 2-8 所示为钻孔刀具。

（8）铰孔刀具　铰孔刀具定义为用于对已钻孔或钻孔后的孔进行精加工和保证尺寸公差的刀具，如图 2-9 所示为铰孔刀具。

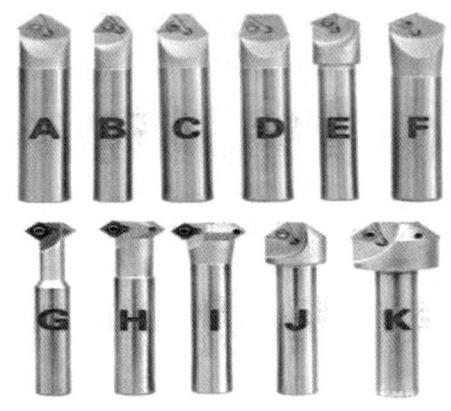

图 2-7　倒角车刀

图 2-8　钻孔刀具

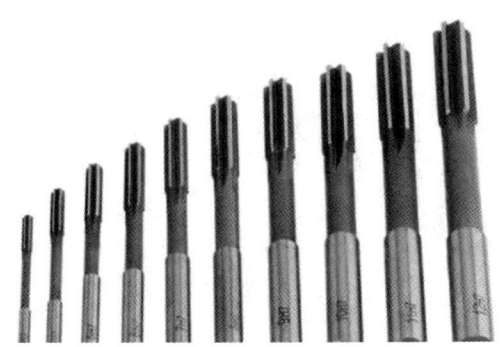

图 2-9　铰孔刀具

总结起来，车刀种类繁多，每种车刀都有其特定的用途和加工对象。正确选择和使用不同种类的车刀，可以提高加工效率和加工质量，同时也能延长刀具寿命。在实际应用中，需要根据具体的加工要求和工件材质选择合适的车刀，以达到最佳的加工效果。

2.3.3　车削刀具分类及选用

（1）按车削对象分类　车床主要用于回转表面的加工，如内外圆柱面、圆锥面、圆弧面、端面、螺纹、沟、槽等的切削加工。车刀按加工对象可分为外圆车刀、端面车刀、内圆车刀、切断刀、切槽刀等多种形式。常用车削刀具种类及用途如图 2-10 所示。

（2）按车刀结构分类　从车刀的刀体与刀片的连接情况看，可分为整体车刀、焊接车刀和机械夹固式车刀。

（3）按车刀材料分类　可分为高速钢刀具、硬质合金刀具、陶瓷刀具、超硬刀具和涂层刀具。

① 高速钢刀具。高速钢（High Speed Steel，HSS）是一种加入了较多的 W（钨）、Mo（钼）、Cr（铬）、V（钒）等合金元素的高合金工具钢。高速钢刀具在强度、韧性及工艺性等方面具有优良的综合性能，在复杂刀具，尤其是制造内圆加工刀具、铣刀、螺纹刀

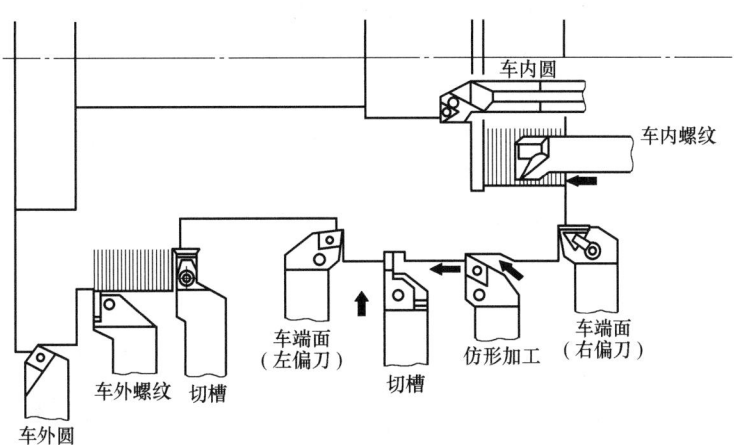

图 2-10 常用车削刀具种类及用途

具、拉刀、切齿刀具等，高速钢仍占据主要地位。高速钢刀具易于磨出锋利的切削刃。

② 硬质合金刀具。硬质合金材料是由硬度和熔点很高的碳化物组成［其硬质相主要成分为碳化钨（WC）、碳化钛（TiC）、碳化钽（TaC）、碳化铌（NbC）等］和金属黏结剂（常用的金属黏结相是Co），经粉末冶金方法而制成的合金材料。硬质合金刀具，特别是可转位硬质合金刀具，是数控加工刀具的主导产品，可用来切削耐热钢、不锈钢、高锰铜、工具钢等比较难加工的材料。

③ 陶瓷刀具。陶瓷材料因其高硬度、耐高温、自润滑等特性成为新一代的刀具材料，但陶瓷也由于其脆性受到局限，于是如何克服陶瓷刀具材料的脆性，提高它的韧性，成为近百年来陶瓷刀具研究的主要课题。陶瓷的应用范围亦日益扩大。

④ 超硬刀具。超硬刀具材料是指与天然金刚石的硬度、性能相近的人造金刚石和CBN（Cubic Boron Nitride，立方氮化硼）。由于天然金刚石价格比较昂贵，所以生产上大多采用人造聚晶金刚石（Polycrystalline Diamond，PCD）、聚晶立方氮化硼（Polycrystalline Cubic Boron Nitride，PCBN），以及它们的复合材料。

⑤ 涂层刀具。对刀具进行涂层处理是提高刀具性能的重要途径之一。涂层刀具是在韧性较好的刀体上，涂覆一层或多层耐磨性好的难熔化合物，它将刀具基体与硬质涂层相结合，从而使刀具性能大大提高。

2.3.4 车削刀具基本几何参数及选用

（1）车刀几何参数 金属切削加工所用的刀具种类繁多、形状各异，但是它们参加切削的部分在几何特征上都有相同之处。外圆车刀的切削部分可作为其他各类刀具切削部分的基本形态，其他各类刀具就其切削部分而言，都可以看成外圆车刀切削部分的演变。因此，通常以外圆车刀切削部分为例来确定刀具几何参数的有关定义。

外圆车刀切削部分包括：
① 前刀面：刀具上切屑流过的表面。
② 后刀面：刀具上与工件过渡表面相对的表面。

③ 副后刀面：刀具上与工件已加工表面相对的表面。

④ 主切削刃：前刀面与后刀面相交而得到的刃边（或棱边），用于切出工件上的过渡表面，完成主要的金属切除工作。

⑤ 副切削刃：前刀面与副后刀面相交而得到的刃边，它配合主切削刃完成切削工作，最终形成工件预加工表面。

外圆车刀切削部分的名称和刀具几何角度，如图2-11所示。

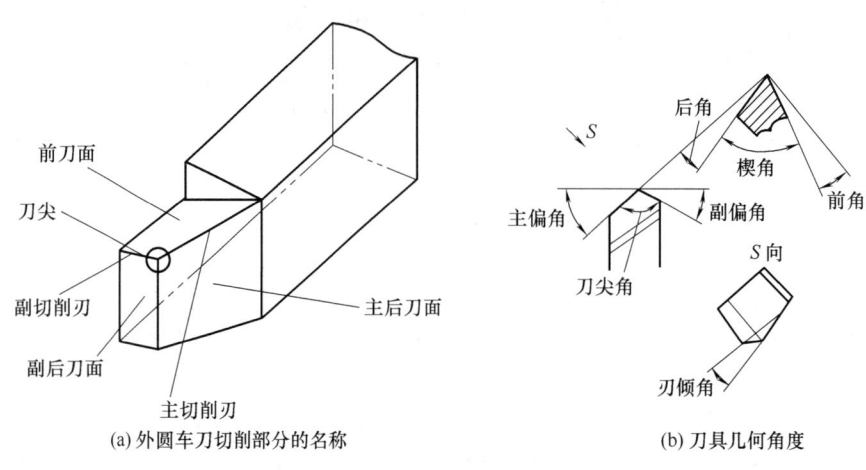

(a) 外圆车刀切削部分的名称　　(b) 刀具几何角度

图2-11　外圆车刀切削部分的名称和刀具几何角度

（2）车刀几何角度的选用　车刀几何角度的选用需综合考量多种因素，包括工件材料特性、加工工艺要求以及刀具材料性能等。

① 前角、后角的选用。前角增大，使刃口锋利，利于切下切屑，能减少切削变形和摩擦，降低切削力、切削温度，减少刀具磨损，改善加工质量等。但前角过大，会导致刀具强度降低、散热体积减小、刀具耐用度下降，容易造成崩刃。减小前角，可提高刀具强度，增大切削变形，且易断屑。

车刀的后角是指切削平面与主刀面之间的夹角，如图2-11（b）所示。后角的主要作用是减小主后刀面与工件的摩擦，降低切削热，减轻刀具磨损，使切削过程更轻快。后角减小使主后刀面与工件表面间的摩擦增加，刀具磨损加大，工件冷硬程度增加，加工表面质量差。后角增大使摩擦减小，刀具磨损减少，提高了刃口锋利程度。但后角过大会减小刀刃强度和散热能力。粗加工时以确保刀具强度为主，后角可取较小值，精加工时以保证加工表面质量为主，后角可取较大值。

② 主偏角、副偏角的选用。调整主偏角可改变总切削力的作用方向，如增大主偏角，使切削力在吃刀方向上的切削分力减小，可减小振动和加工变形。主偏角减小，刀尖角增大，刀具强度提高，散热性能变好，刀具耐用度提高。

副偏角的功用主要是减小副切削刃和已加工表面的摩擦。使主、副偏角减小，同时刀尖角增大，可以显著减小残留面积高度，降低表面粗糙度值，使散热条件好转，从而提高刀具耐用度。但副偏角过小，会增加副后刀面与工件之间的摩擦，并使径向力增大，易引起振动。同时还应考虑主、副切削刃干涉轮廓的问题。

③ 刃倾角的选用。刃倾角表示刀刃相对基面的倾斜程度，刃倾角主要影响切屑流向

和刀尖强度。

2.3.5 车削常见刀具材料基本性能

刀具材料的选择对刀具寿命、加工效率、加工质量和加工成本等的影响很大。刀具切削时要承受高压、高温、摩擦、冲击和振动等作用，因此，刀具材料应具备如下一些基本性能。

(1) 硬度和耐磨性　刀具材料的硬度必须高于工件材料的硬度，刀具材料的硬度越高，耐磨性就越好。

(2) 强度和韧性　刀具材料应具备较高的强度和韧性，以便承受切削力、冲击和振动，防止刀具脆性断裂和崩刃。

(3) 耐热性　刀具材料的耐热性要好，能承受高的切削温度，具备良好的抗氧化能力。

(4) 工艺性能和经济性　刀具材料应具备良好的锻造性能、热处理性能、焊接性能、磨削加工性能等，而且要追求高的性能价格比。

2.3.6 90°外圆车刀的装刀及对刀

车刀安装

(1) 90°外圆车刀安装角度　为了确保车刀在车削台阶面时只有刀尖参与切削而不是整个切削刃，应使外圆车刀的实际主偏角约为90°，这样可以较好地保证外圆车刀车削端面时的精度并有效提高外圆车刀的使用寿命。

(2) 刀尖要与主轴回转中心等高　车刀的刀尖要与主轴和工件的回转中心等高，刀尖过高或者过低都会对车刀的使用寿命和切削加工造成一定的影响 [图2-12 (a)]，车刀刀尖对工件中心通常可以通过对机床尾座顶尖法 [图2-12 (b)]、视觉对准法、测量法（瞄准器对准和光电对准）和试切法，对刀具的安装要求较高的场合建议采用试切法对工件中心。

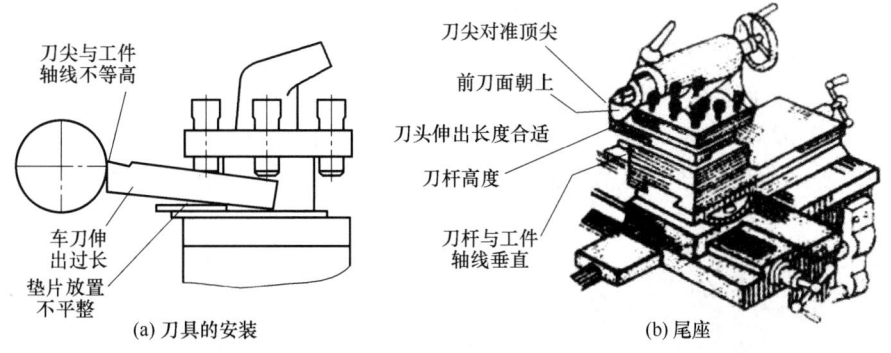

图 2-12　车削刀具的刀尖应与工件中心（车床主轴中心）等高

当车刀的刀尖低于工件的回转中心时，应通过垫垫片的方式进行调整，注意放置垫片要整齐，为了避免车刀悬空的情况，垫片要与刀架的前沿对齐，同时要注意垫片的数量尽量不要超过 3 片，确保车刀在切削过程中的刚性和稳定性。如果车刀在未垫垫片的情况下刀尖中心已经高于工件回转中心，则需要更换合适的车刀。特别要注意在夹紧刀具压紧螺栓时，几个螺栓要交替往复夹紧，严禁使用加力杆夹紧刀具。

2.3.7　外圆切断刀（切槽刀）安装及对刀

（1）外圆切槽刀（切断刀）安装角度　为了确保车刀在切槽或者切断时不会与工件表面产生干涉，造成零件切断面凸起或者凹进去，在安装切断刀时应注意切削刃应和工件的轴线平行，在实际安装时，如果是刀杆形状不是很规整、焊接手工刃磨的切槽刀，则可以利用外圆车刀试切过的外圆面，作为参考来判断切槽刀的切削刃是否与主轴回转轴线平行，若选用的是标准的机夹车刀可以直接将车刀刀杆紧贴着刀架侧面安装，如图 2-13 所示。

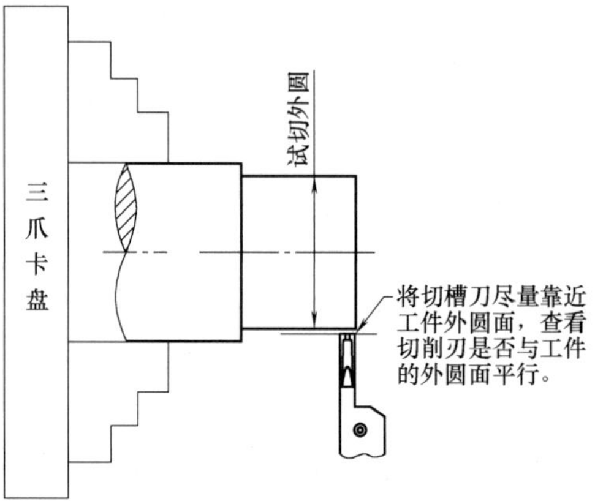

（2）切槽刀（切断刀）要对中心高　外圆切槽刀（切断刀）刀尖与外圆车刀一样需要对工件的回转中心高，由于在切槽和切断时车刀承受的主要是径向力，造成切槽刀杆在切削时会有弹性变形，所以切槽刀（切断刀）在对中心时可以比机床的回转中心高 0.1~0.2mm。

图 2-13　外圆切槽刀安装角度

2.3.8　车刀安装安全文明生产及职业素养

（1）坚持安全、文明生产规范，严格遵守车刀安装操作规范。
（2）着装规范的工作服和劳保鞋，女生戴好工作帽，禁止戴手套。
（3）遵守车刀安装的现场定制化管理。
（4）及时检查车刀质量，车刀的质量主要包括切削性、耐磨性、热稳定性，因此刀具的状态影响着加工质量和效率，要养成定期检查刀具，及时发现刀具磨损或损坏，避免加工中出现因刀具问题影响产品质量。
（5）车刀损坏要及时更换，更换时必须严格遵守其操作规程。
（6）培养学生勤学好问、勤于思考、规范操作、严谨工作的求学态度。

2.4　工作计划

（1）独立完成 90°高速钢外圆车刀的安装，并描述装刀过程及注意事项。

(2) 独立完成90°硬质合金外圆车刀的安装,并描述装刀过程及注意事项。

(3) 独立完成外圆切断刀(切槽刀)的安装,并描述装刀过程及注意事项。

2.5 工作实施流程及操作要求

一名车工技术好不好,从磨刀就能看出来,因此车工磨刀是绝技,表2-2列出了磨刀的基本方法和技巧。

90°外圆车刀刃磨

表2-2　　　　　　　　　　　工作流程及操作要求

序号	刃磨步骤	图示	刃磨要求
1	粗磨主后刀面	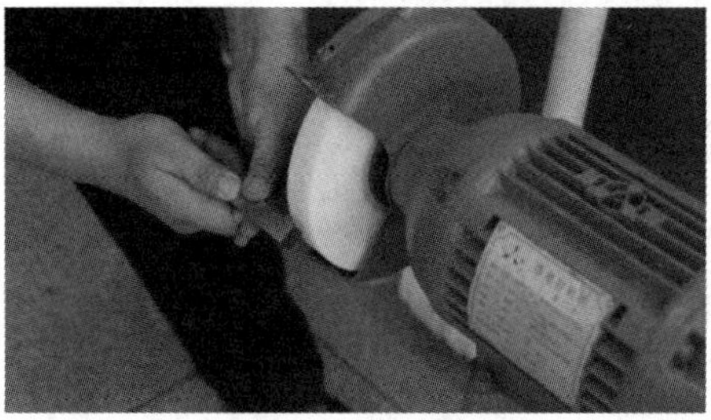	要求主偏角90°~93°,主后角为6°~8°
2	粗磨副后刀面	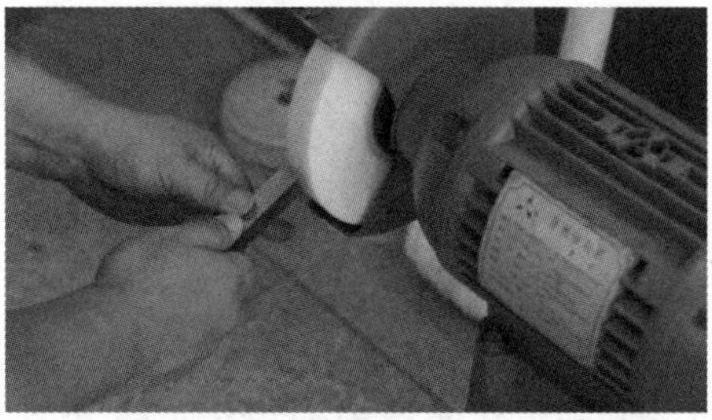	要求副偏角6°~8°,副后角为6°~8°
3	粗、精磨前刀面		要求前角5°~12°,刃倾角0°~3°

续表

序号	刃磨步骤	图示	刃磨要求
4	精磨副后刀面		要求副偏角 6°~8°,副后角为 6°~8°,并保证副后刀面有良好的表面粗糙度
5	精磨主后刀面		要求主偏角 90°~93°,主后角为 6°~8°,并保证主刀面和副后刀面有良好的表面粗糙度
6	刀尖处倒圆角	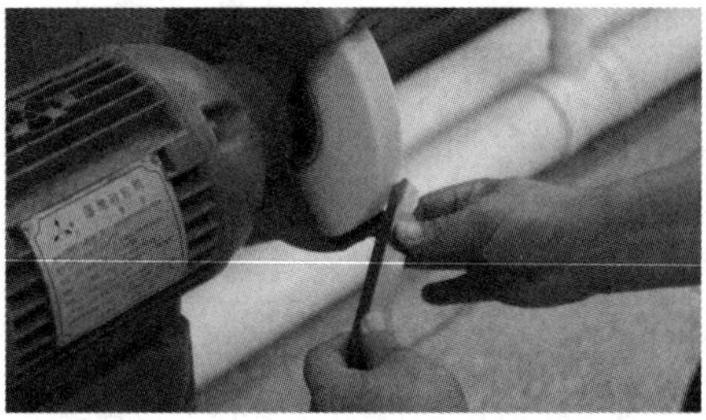	要求倒圆角 $R\,0.5$ 左右,并有良好的表面粗糙度

2.6 安全注意事项

（1）严格按照操作规程进行车刀安装,安装车刀时需要对中心,使刀尖与中心轴等高。

（2）90°外圆车刀装刀时要将刀刃垂直中心轴安装,以确保切削时只有刀尖参与切削。

（3）调整车刀刀尖头中心高的垫片数量尽量不要超过 3 片,垫片要整齐,螺钉压在刀杆的位置须压在垫片上不能处于悬空状态。

（4）切断刀对刀时,采用触碰工件外圆面的方法,保证刀刃与中心轴平行。

（5）车削时要时刻关注车削情况变化,一旦车刀损坏要及时更换刀片或车刀,避免造成质量问题。

（6）车刀安装时按照现场 6S 管理的规范与标准整理实训现场。

2.7 考核与评价

车工刀具的安装要注意：车刀的伸出度、车刀刀尖的高度、车刀杆基准与轴线的位置、垫块的使用、夹紧力度、车床主轴与刀具的垂直度，是否掌握上述技术、通过表 2-3 进行评比。

表 2-3　　　　　　　　　　　车刀刀具的安装工作评价

序号	操作流程	工作内容	学习问题反馈
1	外圆车刀的安装	1. 外圆车刀的安装 2. 外圆车刀对中心高	
2	硬质合金车刀安装	1. 硬质合金车刀的安装 2. 硬质合金车刀对中心高	
3	切断刀安装	1. 切断刀的安装 2. 切断刀对中心高	

作为一门专业实践课，操作规范与职业素养是贯穿整个课程的过程性考核，具体评价项目及标准如表 2-4 所示。

表 2-4　　　　　　　　　职业素养考核评价标准加技能评价

考核项目	考核内容	配分	扣分	得分
实训纪律	服从安排，场地清扫等。违反一项扣 5 分	10		
安全生产	安全着装，按规程操作等。违反一项扣 5 分	10		
职业规范	机床预热，按照标准进行设备点检。违反一项扣 5 分	10		
文明生产	工具、量具、刀具定制摆放、工作台面的整洁等。违反一项扣 5 分	10		
清洁、清扫	清理机床内部的铁屑，确保机床表面各位置的整洁，清扫机床周围的卫生，做好设备的保养。违反一项扣 5 分	20		
整理、整顿	工具、量具的整理与定制管理。违反一项扣 5 分	20		
职业素养	严格执行设备的日常点检工作。违反一项扣 5 分	20		
合计		100		

"工匠"耿家盛：三十余年如一日就为磨好"一把刀"

耿家盛被称为云南机械加工行业的"一把刀"，从学徒到拥有"全国劳模""全国技术能手"等荣誉的"名匠"……53 岁的云南冶金昆明重工有限公司车工耿家盛用 30 多年的执着，诠释着"工匠精神"。

"车工一把刀，磨刀是最基本，也是最难的。"对耿家盛来说，他的工作往简单了讲就是磨刀，往难了说是磨好刀。"我只是坚持把一件普通的事情努力做好而已。"

意义非凡的"两把刀"

"这两把车刀意义非凡,一把是父亲留给我的。另一把双头车刀,一头是师父磨的,另一头是我磨的。"初见耿家盛,聊起的第一个话题就是"刀",这两把刀是他至今最宝贵的两件藏品。

两把刀其貌不扬,外行人很难看出它们的精彩之处。"当年师父示范了一遍要领,磨好一头后,就拿一大筐废刀让我练,每天磨五六个小时。"耿家盛说,出师的这把刀,他足足磨了一个星期。

对耿家盛而言,这两把刀,一把意味着传统技艺的传承,一把标志着认真把一件事做到极致的态度。每当困惑时他都会拿出来看看。

出生技术工人家庭的耿家盛,1982年技校毕业后,先是在昆明铣床厂当油漆工。两年后,他调入昆明重机厂改行当了车工。零基础的他,从最基本的摇手柄学起,在厂里请教老师傅,回家就问同为车工的父亲。勤学苦练的耿家盛很快成为骨干。

"车工就玩'一把刀',刀好活就不会差,否则就算不上合格。"耿家盛从工具箱里又翻出几把车刀说。如果掌握不好磨刀要领,车刀用起来就容易报废,尤其是特殊材料,就会造成浪费。

工作30多年,到底磨过多少把车刀,耿家盛自己也算不清了。"每把车刀都得靠手工在每分钟3000转的砂轮机上打磨。多的时候一个月要磨10到20把,少的也得3到5把,加工一个工件最多时就需要20多把不同的刀。"为此,他没少吃苦头,双手经常磨起血泡,渐渐结成厚厚的老茧。

耐磨的"工匠"技术刀

"角度清晰可辨,刀刃铮亮锋利,这是高手磨出的刀,用这种刀干活快、准、好。"迷上了车刀,车间几乎成了耿家盛生活的全部,这种热情直到今天仍没有变。

车刀切削着金属,阵阵尖锐响声掺杂在机器的轰鸣声里,一卷一卷的铁屑随之落下……这场景,耿家盛再熟悉不过了,他就是这样和车刀"较劲"的,车间一待就是一天,琢磨让刀使用寿命更长,让工件精度更高,粗糙度更低。

钻进车刀改造的"牛角尖",耿家盛几乎年年都有一两样"改革"。"这把刀,乍看和其他的没差异,但其实刀的角度、材质区别很大。加工轧辊时连续切削11个小时不用换刀,可加工洛氏硬度65至68度的材料。"2015年,以耿家盛为主或独立完成的"一种深孔锥度铰刀""一种高硬度、高韧性难切削材料机加工刀片"获得国家知识产权局实用新型专利。

"这活需要经验积累,多年之后我才懂得老一辈强调的'一把刀',不仅要磨好刀,还要'因材施刀'。"耿家盛说,针对特殊工件,常规的刀用不上,就必须琢磨专用车刀。

"同一台机器,他做出来的和我们做的天壤之别,他的精度可以到一两丝,我们的误差会有十丝。"同事马自辉说。

耿家盛从骨子里喜欢对技术精益求精。一谈技术,他有说不完的话,技术之外,他内敛拘谨。这些年,耿家盛带领团队完成了拉丝机、橡胶给片机等产品工艺编制和图纸改进500余项,改进塔机起升部分、重卷机滑槽等生产工艺400余项。

当好一把"师匠"的传承刀

利用休息时间，耿家盛又学了镗床、钻床等加工技能，还自学CAD制图，成了一名技术全面的加工能手，每年完成车间大量的"硬骨头"加工任务。

"干这行，就是学习、积累、再传授。"除了车间，现在耿家盛多了一个去处——"耿家盛技能大师工作室"。靠着老一辈经验成长起来的他，知道"传帮带"的重要性，2010年以来，他带了20多个徒弟，昆明重工涌现出一批年轻的技术人才。

近年来，不断有企业高薪来"挖"耿家盛，都被他拒绝。"30多年一门心思做一件事，并不是所有人能做到的。"耿家盛的徒弟李益雄说。也许，有人认为"工匠"就是一种重复劳动。其实，对"工匠"最好的诠释，应该是耿家盛这样，坚持把一件事情做到极致。

有人觉得车工的活很枯燥，就是反复磨刀，但在耿家盛看来，当一块块粗糙的金属通过车刀打造成一个亮堂堂、有价值的"艺术品"，是很快乐的。

耿家盛说："中国制造2025、产业转型升级……要将这些宏伟蓝图变为现实，推动中国成为制造业强国，技术工人承载着不可替代的作用。"

当问及他心中的中国制造是什么时，耿家盛坚定地说，就是磨好手中的这把车刀。

——资料来源：侯文坤，丁怡全. 三十余年如一日就为磨好"一把刀"[N]. 中国青年报，2016-04-28（03）.

2.8 总结与提高

2.8.1 项目实施情况分析

项目完成后，根据项目实施情况，分析存在的问题及原因，并填写表2-5。指导老师对项目实施情况进行讲评。

表2-5　　　　车刀安装操作基础项目实施情况分析表

项目实施过程	存在的问题	解决的办法
高速钢外圆车刀的装刀		
硬度合金钢外圆车刀的装刀		

续表

项目实施过程	存在的问题	解决的办法
切断刀的装刀		

2.8.2 总结

本项目主要讲述车床常用刀具及安装知识，在知识掌握上，经理论考核与课堂提问，要求多数学生能清晰阐述车刀分类、结构、角度知识，熟知不同车刀适用场景，掌握 90°外圆车刀和外圆切断刀（切槽刀）安装要点。技能操作层面，要求大部分学生可熟练规范安装各类车刀，中心高调整、刀刃平行等操作符合标准，安装精准且高效，面对车刀损坏也能依规及时更换。职业素养方面，增强学生安全文明生产意识，严格遵守车间制度与劳动纪律，着装规范。车刀安装时注重细节，如控制垫片数量、整齐摆放，对待车刀质量检查与更换严谨负责，还通过机床预热、设备点检养成良好习惯，积极践行 6S 管理，实训现场整理有序。后续将深化知识拓展，引入新型车刀材料安装特点、自动化车床车刀智能安装系统等前沿知识；强化实践多样性，设置不同材质、形状工件上车刀安装等挑战性任务。

注：6S 定义和内容

① 整理（Seiri）将工作现场的所有物品区分为有用品和无用品，把有用品留下，清除其他无用品、防止误用。保持清爽的工作环境。

② 整顿（Seiton）把必需用品按规定位置摆放，创造整齐的工作环境。

③ 清扫（Seiso）把工作场地清扫干净，目的是建造舒心的工作环境，稳定生产品质，减少工业伤害。

④ 清洁（Seiketsu）操持环境经常处于整洁美观的状态，目的是创造明朗的现场，维持上述 3S 的执行成果。

⑤ 素养（Shitsuke）每位工作人员应养成良好的习惯，并遵守规则，养成积极主动的精神，目的是促进良好行为习惯的形成，培养遵守规则的员工。

⑥ 安全（Safety）重视员工的安全教育，每时每刻都有安全第一的观念，防患于未然，目的是建立及维护安全生产的环境。

项目 3　车床维护与保养规范

3.1　学习目标及任务描述

3.1.1　知识目标

(1) 了解车床维护保养规范；
(2) 了解车床维护的内容和方法；
(3) 了解车床保养内容和记录要点。

3.1.2　技能目标

(1) 能规范进行车床维护保养；
(2) 能进行车床三级保养操作；
(3) 能完成车床的一级保养和实训现场 6S 管理规范操作。

3.1.3　素质目标

(1) 具备严谨、细心、全面、追求高效、精益求精的职业素质；
(2) 遵循安全文明生产规程、逐步形成规范操作的基本职业素养；
(3) 具备良好的道德品质、沟通协调能力、团队合作精神，以及较强的敬业精神。

3.2　任务描叙

为了提高车床的使用寿命、运行效率、降低故障率和维修成本，车床要定期维护与保养。在本任务中详细讲述了三级维护与保养的主要内容、方法、要求，以及注意事项。

3.2.1　工作任务卡

车床需要进行维修保养工作，主要为日常保养、定期检查、修理保养，其内容如

表 3-1 所示。

表 3-1　　　　　　　　　　　工作任务卡

编号	3	任务名称	车床维护与保养规范
设备型号	CA6140A	工作区域	机加实训中心——车削教学区
版本	V1	建议学时	6 学时

1. 金工实训基地守则

1. 坚持安全、文明生产规范,严格遵守车间制度和劳动纪律
2. 着装规范(工作服、劳保鞋),不携带与生产无关的物品进入车间
3. 工量具和刀具定制管理
4. 严禁徒手清理铁屑
5. 严格遵守车床维护保养制度

2. 工具

类别	名称	规格型号/mm	单位	数量
工具	卡盘扳手	10	把	1
	刀架扳手	10	把	1
	加力杆	250	把	1
	内六角扳手	1.5~10.0	套	1
	活动扳手	300	把	1
	垫片	0.2~2.0	片	若干
	铁屑钩	300	把	1
	卫生清洁工具毛刷等		套	1

3. 工作任务

(1) 了解车床维护保养规范
(2) 熟悉车床三级保养内容和保养记录表
(3) 独立完成车床一级保养操作
(4) 熟悉车床实训现场 6S 管理规范

4. 工作准备

(1) 技术资料:工作任务卡 1 份
(2) 工作场地:有良好的照明、通风和消防设施等条件
(3) 工具:按"工具"栏目准备相关工具
(4) 建议分组实施教学。每 2 人为一组,每组配备一台车床。通过分组讨论完成车床的维护保养规范、三级保养内容及实训现场 6S 管理规范,通过演示和操作训练完成车床的一级保养和实训现场 6S 管理操作规范
(5) 劳动防护:穿戴劳保用品、工作服

3.2.2　引导问题

(1) 车床在日常使用中需要哪些常规保养?

(2) 车床三级保养具体有哪些项目？
(3) 车床保养周期是多久？

3.3 知识链接

机床使用寿命的长短和故障发生的高低，不仅取决于机床的精度和性能，很大程度上也取决于它的正确使用和维护保养。正确的使用能防止设备非正常磨损，避免突发故障，精心的维护保养可使设备保持良好的技术状态，延缓老化进程，及时发现和消除隐患于未然，从而保障安全运行。

机床具有机、电、液于一体，技术密集和知识密集的特点。因此，机床的维护人员不仅要有机械原理、液压、气动方面的知识，还要具备电器、电工、计算机、自动控制、驱动及测量技术等知识，这样才能全面了解、掌握机床以及做好机床的维护保养工作。维护人员在维修前应详细阅读机床的有关说明书，对机床有一个详细的了解，包括机床结构特点、工作原理及框图，以及机床的电缆连接。

车床的三级保养制度如下。

3.3.1 一级保养

一级保养就是每天的日常保养，在车床工作前、工作中、工作后的日常维护事项。

不同型号的机床日常维护的内容和要求不完全一样，对于具体的机床，说明书中都有明确的规定，但总的说来包括以下几个方面。

(1) 安全操作基本注意事项
① 工作时请穿好工作服，安全鞋，戴好工作帽及防护镜。注意：绝不允许戴手套操作机床。
② 注意不要移动或损坏安装在机床上的警告标牌。
③ 注意不要在机床周围放置障碍物，工作空间应足够大。
④ 某一项工作需要两人或多人共同完成时，应注意相互之间的协调一致。

(2) 工作前的准备工作
① 机床开始工作前要有预热，认真检查润滑系统工作是否正常，如机床长时间未开动，可先采用手动方式向各部分供油润滑。
② 使用的刀具应与机床允许的规格相符，有严重破损的刀具应及时更换。
③ 调整刀具所用的工具不要遗忘在机床内。
④ 刀具安装应对工件回转中心，并完成对刀后才能加工。
⑤ 检查卡盘夹紧工作的状态。

(3) 工作过程中的安全注意事项
① 禁止用手接触刀尖和铁屑，铁屑必须用铁钩子或毛刷来清理。
② 禁止用手或其他任何方式接触正在旋转的主轴，工件或其他运动部位。
③ 禁止加工过程中测量零件、变换主轴挡位，更不能用布条等东西擦拭工件，也不

能清扫机床。

④ 车床运转中，操作者不得离开岗位，机床发现异常现象立即停车。

⑤ 车床运行过程中发现异常情况，应立即报告实训指导教师，由专业的维修人员进行检查。

⑥ 严格遵守岗位责任制，机床由专人使用，其他人士不得随意操作运行中的设备。

⑦ 工作结束后首先切断电源，然后进行保养工作。

⑧ 清洁机床周围环境，严格按6S管理要求执行定制化管理。

⑨ 在记录本上做好机床运行情况，填写好机床保养记录表。

3.3.2 二级保养

二级保养需要每个月进行一次维护保养，一般在月底或月初，在学校实训教学过程中一般在每个班级完成所有的实训项目时进行。二级保养一般按照机床的部位划分来进行保养，需要在实训指导教师的指导下进行。

（1）主轴箱

① 擦洗箱体，检查制动装置及主电机皮带。要求清洁、安全、可靠，皮带松紧合适。

② 检查、清理主轴锥孔表面毛刺。要求光滑、清洁。

（2）进给传动系统

① 检查、清洁各传动机构及导轨。要求清洁无污、无毛刺。

② 检查机床各工作台面。要求清洁无污，安全、可靠。

（3）刀架

① 检查、清洗刀架各刀位及刀具压紧螺栓。要求清洁、可靠。

② 检查各刀位换刀功能。要求工作正常、可靠。

（4）尾座

① 清洗尾座各部位。要求清洁、无毛刺。

② 检查尾座的紧锁机构。要求安全、可靠。

③ 检查、调整尾顶尖与主轴的同轴度。要求符合国标规定。

（5）润滑系统

① 检查润滑油位表。要求无泄漏、油位符合技术要求。

② 检查油路及分油器。要求清洁无污、油路畅通、无泄漏。

③ 检查清洗滤油器、油箱。要求清洁无污。

④ 检查主轴箱油液位表的油位。要求润滑油必须加至油标上限。

（6）冷却液系统

① 清洗冷却液箱，必要时更换冷却液。要求清洁无污、无泄漏，冷却液不变质。

② 检查冷却液泵、液路。要求无泄漏、压力、流量符合技术要求。

（7）整机外观

① 全面擦拭机床表面及死角。要求漆见本色、金属面见光。

② 清理电器柜内灰尘。要求清洁无污。

③ 清理、清洁机床周围环境。按要求按照6S管理标准进行定置管理。

3.3.3 三级保养

三级保养通常是每半年或者每年进行的保养，在学校可以每一个学期期末进行保养，三级保养首先要完成二级保养的内容，还要对车床几何精度的重要指标和机床的运动精度进行检测和调整，因此三级保养需要设备维修维护的专业知识，一般有专业的技术人员或者专业教师进行具体保养操作。

① 主要几何精度，如床身水平，主轴和进给轴的相关几何精度检验项目。要求调整到符合出厂检验标准。

② 检测各轴的定位精度、重复定位精度以及反向误差。要求调整到符合出厂检验标准。

③ 检测刀架的定位精度、重复定位精度。要求调整到符合出厂检验标准。

3.3.4 实训现场管理规范

（1）车削实训现场设备管理规范　如图3-1、图3-2所示分别为切削实训设备和车床工位定制化管理。

图3-1　车削实训设备定制化管理

图3-2　车床工位定制化管理

（2）车削工具柜定制管理规范　如图3-3所示，车削工具柜采用分层分类的定制化管理标准。

① 车削工具柜的第一层装有常用的工具和车削刀具，如图3-4所示。

② 车削工具柜的第二层装有常用的量具,如图3-5所示。

图3-3　车削工具柜分层分类定制化管理

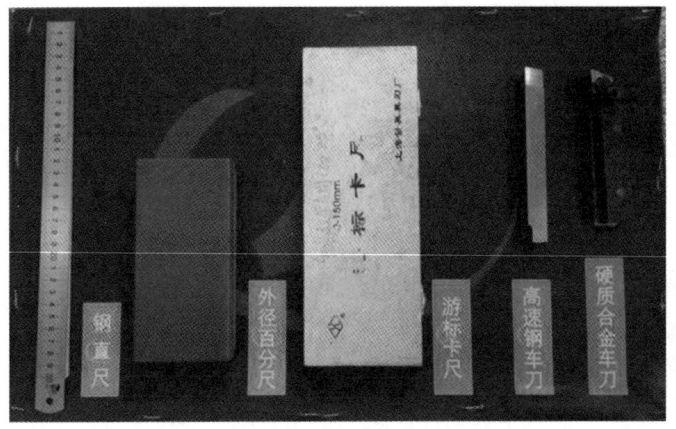

图3-4　车削工具柜常用工具层定制管理

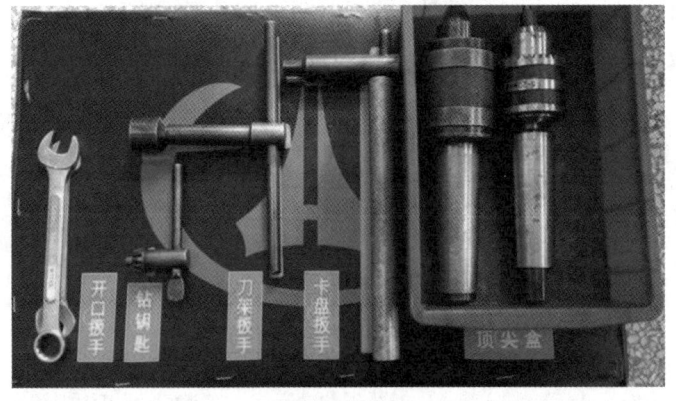

图3-5　车削工具柜常用量具层定制管理

③ 车削工具柜的第三层装有常用的清洁工具,如图3-6所示。

图 3-6 车削工具柜常用清洁工具层定制管理

3.4 工作计划

车床保养的工作计划要根据设备的使用情况和车床使用说明书保养要求制定,保养步骤、检查项目、保养记录表等,如表 3-2~表 3-4 所示。

表 3-2　　　　　　　　　　车床一级保养记录表

设备名称:		型号:	设备编号:	所属车间:	检查时间:	年			月					
检查项目	序号	检查内容	检查方法	检查标准	检查周期:每天									
					日	日	日	日	日	日	日	日	日	日
电气系统	1	操作面板各按钮是否完整	看、试	动作正常										
	2	电机运行声音是否正常	听	无异响										
	3	系统是否异常	看	无报警										
	4	电机冷却风扇运行是否正常	手感应	有风流动感										
润滑	1	润滑油位	看	在油标上下限位之间										
	2	各导轨是否有润滑油	手摸	导轨有油膜										
机械	1	刀具工装是否有松动	手动紧固	无松动										
	2	主轴和进给系统是否异常	听、试	无异响										
	3	刀架和尾座机构是否正常	试	刀架、尾座无松动										
清洁	1	设备外表是否清洁	手摸	无油污灰尘										
	2	工具柜里面的工量具定制管理	看	无乱摆放										
	3	设备铁屑是否清理干净	看	无残留铁屑										
	4	冷却风扇过滤网是否清理干净	气吹	无灰尘										
	5	现场是否有三漏	擦拭、看	无溢流										

表 3-3　　　　　　　　　　　　　车床二级保养记录表

设备名称：　　　　型号：　　　　设备编号：　　　　所属车间：　　　　检查时间：　　年　　月

检查项目	序号	检查内容	检查方法	检查标准	检查周期：每周			
					日	日	日	日
主轴箱	1	擦洗箱体，检查制动装置及主电机皮带	看、动手紧固	要求清洁、安全、可靠，皮带松紧合适				
	2	检查、清理主轴锥孔表面毛刺	看	要求光滑、清洁				
进给传动系统	1	检查、清洁各坐标传动机构及导轨和毛毡或刮屑器	看	要求清洁无污、无毛刺				
	2	检查车床各轴的限位开关、减速开关、零位开关及机械保险机构	看	要求清洁无污，安全、可靠				
刀架	1	检查、清洗刀架各刀位及刀具压紧螺栓	看	要求清洁、可靠				
	2	检查各刀位换刀功能	看、手动换刀	要求工作正常、可靠				
尾座	1	清洗尾座各部位	看	要求清洁、无毛刺				
	2	检查尾座的紧锁机构	动手紧固	要求安全、可靠				
	3	检查、调整尾顶尖与主轴的同轴度	动手调整	要求符合国标规定				
润滑系统	1	检查润滑泵、压力表	看	要求无泄漏、压力符合技术要求				
	2	检查油路及分油器	看	要求清洁无污、油路畅通、无泄漏				
	3	检查清洗滤油器、油箱	看	要求清洁无污				
	4	检查主轴箱油液位标的油位	看	要求润滑油必须加至油标上限				
冷却液系统	1	清洗冷却液箱，必要时更换冷却液	看	要求清洁无污、无泄漏，冷却液不变质				
	2	检查冷却液泵、液路，清洗过滤器	看	要求无泄漏、压力、流量符合技术要求				
整机外观	1	全面擦拭机床表面及死角	看、摸	要求漆见本色、金属面见光				
	2	清理电器柜内灰尘	看、摸	要求清洁无污				
	3	清洗各排风系统及过滤网	看、摸	要求清洁、可靠				
	4	清理、清洁机床周围环境	看	按要求按照6S管理标准进行定置管理				

表 3-4　　　　　　　　　　　　　车床三级保养记录表

设备名称：　　　　型号：　　　　设备编号：　　　　所属车间：　　　　检查时间：　　年　　月　　日

序号	检查内容	检查方法	检查标准	检查情况记录
1	车床床身水平	通过水平仪检测，并手动调整	符合国标要求	
2	溜板移动在导轨平面内的直线度	通过检验棒和千分表打表检测，并手动调整	符合国标要求	

续表

序号	检查内容	检查方法	检查标准	检查情况记录
3	主轴端部的跳动	通过检验棒和千分表打表检测,并手动调整	符合国标要求	
4	主轴定心轴颈的径向跳动	通过千分表打表检测,并手动调整	符合国标要求	
5	主轴锥孔轴线的径向跳动	通过千分表打表检测,并手动调整	符合国标要求	
6	主轴轴线对溜板移动的平行度	通过检验棒和千分表打表检测,并手动调整	符合国标要求	
7	尾座套筒孔轴线对溜板移动的平行度	通过检验棒和千分表打表检测,并手动调整	符合国标要求	
8	主轴和尾座两顶尖的等高度	通过检验棒和千分表打表检测,并手动调整	符合国标要求	
9	车床的定位精度	通过激光干涉仪检测,并补偿调整	符合国标要求	
10	车床的反向间隙	通过激光干涉仪或者千分表检测,并补偿调整	符合国标要求	
11	车床的重复定位精度	通过激光干涉仪检测,并补偿调整	符合国标要求	

3.5 工作实施流程及操作要求

车床一级维护保养工作实施流程及保养操作规范,如表3-5所示。

表3-5　　　　　　　车床一级维护保养操作规范

检查项目	序号	检查内容	检查方法	学习问题反馈
电气系统	1	操作面板各按钮是否完整	看、试	
	2	电机运行声音是否正常	听	
	3	系统是否异常	看	
	4	冷却风扇运行是否正常	手感应	
润滑	1	润滑油位	看	
	2	各导轨是否有润滑油	手摸	
机械	1	刀具工装是否有松动	手动紧固	
	2	主轴和进给系统是否异常	听、试	
	3	刀架和尾座机构是否正常	试	
清洁	1	设备外表是否清洁	手摸	
	2	工具柜里面的工量具定制管理	看	
	3	设备铁屑是否清理干净	看	
	4	冷却风扇过滤网是否清理干净	气吹	
	5	现场是否有三漏	擦拭、看	

3.6 考核与评价

作为一门专业实践课,职业素养、操作规范和劳动教育是贯穿整个课程的过程性考核,具体评价项目及标准如表3-6所示。

表3-6　　职业素养考核评价标准

考核项目	考核内容	配分	扣分	得分
实训纪律	服从安排,场地清扫等。违反一项扣5分	10		
安全生产	安全着装,按规程操作等。违反一项扣5分	10		
职业规范	机床预热,按照标准进行设备点检。违反一项扣5分	10		
文明生产	工具、量具、刀具定制摆放、工作台面的整洁等。违反一项扣5分	10		
清洁、清扫	清理机床内部的铁屑,确保机床表面各位置的整洁,清扫机床周围的卫生,做好设备的保养。违反一项扣5分	20		
整理、整顿	工具、量具的整理与定制管理。违反一项扣5分	20		
职业素养	严格执行设备的日常点检工作。违反一项扣5分	20		
合　计		100		

"蛟龙号"上的"顾两丝"——钳工顾秋亮

"蛟龙号"是中国首个大深度载人潜水器,有十几万个零部件,组装起来最大的难度就是密封性,精密度要求达到了"丝"级(注:1丝=0.1μm)。而在中国载人潜水器的组装中,钳工顾秋亮以他高超的装配技术实现了载人潜水器组装的精密度要求,也因为有着这样的技术绝活儿,顾秋亮被人称为"顾两丝"。43年来,他埋头苦干、踏实钻研、挑战极限,追求一辈子的信任,这种信念,让他赢得潜航员托付生命的信任,也见证了中国从海洋大国向海洋强国的迈进。

0.2丝,一根头发丝的1/50

"蛟龙号"的载人球舱是在俄罗斯定制的,安装的难度是在球体跟玻璃的接触面,要控制在0.2丝以下。0.2丝,只有一根头发丝的1/50。

除了依靠精密仪器,更重要的是依靠顾秋亮自己的判断。用眼睛看,用手摸,就能做出精密仪器干的活儿,顾秋亮并不是在吹牛。他即便是在摇晃的大海上,纯手工打磨维修的潜水器密封面平面度也能控制在两丝以内,因此人称"顾两丝"。

> **"蛟龙号"潜航员以生命相托**
>
> 2004年,"蛟龙号"开始组装,顾秋亮和他师傅级的前辈们一起被抽调到这个项目上。而且凭着"两丝"的功力,顾秋亮被任命为装配组组长。他们最大的挑战就是确保潜水器的密封性。
>
> "蛟龙号"是中国首个大深度载人潜水器,组装起来没有可以借鉴的经验,顾秋亮他们只能一点点摸索。时间长了,顾秋亮两只手基本上没有纹路了,打卡都成问题。
>
> 目前在中国,深海载人潜水器有两个,组装工作都是由顾师傅牵头。4500m载人潜水器或许是他组装的最后一台潜水器,载人球舱的玻璃装好了,他还是那么精细,那么专注,反复确认它的安全性。
>
> 让人信任一次两次、一年两年容易,要一辈子信任很难。顾秋亮43年来,用他做人的信念,埋头苦干、踏实钻研、挑战极限,追求一辈子的信任。这种信念,让他赢得潜航员托付生命的信任,也见证了中国从海洋大国向海洋强国的迈进。

3.7 总结与提高

3.7.1 项目实施情况分析

项目完成后,根据项目实施情况,分析存在的问题及原因,并填写表3-7。指导老师对项目实施情况进行讲评。

表3-7　　车床维护与保养实施情况分析表

项目实施过程	存在的问题	解决的办法
设备保养		
工量具定置管理		
现场环境清洁		
现场6S管理		

3.7.2 总结

车床要实现高精度加工、保障产品质量稳定且提升生产效率,一方面依赖车床自身精度与性能,另一方面更取决于操作者正确使用及对车床的精心维护保养,同时,安全文明生产也是关键环节。

车床精度直接决定产品精度,若长期忽视保养,导轨磨损、丝杆间隙增大、车刀定位偏差,产品尺寸精度、圆度、圆柱度等难以达标,影响产品质量。良好的保养能维持车削平稳,防止刀具震动、工件位移,避免表面粗糙、划痕等质量问题。而且,保养到位可减少设备故障,降低停机时长,让车床持续高效运转,提升生产效率。

日常维护保养至关重要,每日清理车床工作台、刀架、导轨铁屑杂物,擦拭车床,检查润滑点补油。安全文明生产同样不可忽视,操作前,严格检查车床各部件,确认无误后再启动。操作时,必须穿戴好防护装备,严格遵守操作规程,严禁违规操作。

定期保养方面,每周检查传动部件,如皮带张紧度、链条与齿轮磨损情况;每月检查主轴箱、进给箱油质油量;定期检测电器系统线路与元件性能。操作结束后,依照 6S 管理标准整理现场,工具归位、场地清扫,为下次生产做好准备。无论是操作者还是维修人员,都要高度重视,落实好维护保养与安全文明生产要求,确保车床性能优良。

项目 4 常规机械加工车削操作

4.1 学习目标及任务描述

4.1.1 知识目标

(1) 掌握车削加工操作要点及注意事项；
(2) 掌握中滑板（也称为中拖板）刻度盘的使用方法原理；
(3) 掌握直径、长度尺寸的控制方法；
(4) 掌握表面质量加工及检验知识。

4.1.2 技能目标

(1) 能正确安装工件和安装车刀；
(2) 能正确车削端面和外圆面；
(3) 能进行简单工件的车削；
(4) 能正确检测零件尺寸及表面质量。

4.1.3 素质目标

(1) 养成追求质量、精益求精、实事求是的学风；
(2) 具备严谨、细心、耐心、追求高效的职业素质；
(3) 遵循安全文明生产规程，养成规范操作的基本职业素养；
(4) 具备良好的沟通协调能力和团队合作精神。

4.2 任务描叙

前面已学习了普通车床的构造、简单操作、车床的日常维护与保养知识。本任务将进一步学习车床的工件装夹、刀具安装、端面、外圆、台阶、倒角等加工方法，以及切削量的计算、冷却液的使用等知识。

4.2.1 工作任务卡

如表 4-1 所示为普通车床操作基础实训的工作任务卡。

表 4-1　　　　　　　　　　　工作任务卡

编号	4	任务名称	常规机械加工车削操作
设备型号	CA6140A	工作区域	机加实训中心——车削教学区
版本	V1	建议学时	8 学时

1. 金工实训工作守则

1. 坚持安全、文明生产规范,严格遵守车间制度和劳动纪律
2. 着装规范(工作服、劳保鞋),不携带与生产无关的物品进入车间
3. 实训现场工具、量具和刀具等相关物料的定制化管理
4. 严禁徒手清理铁屑

2. 工具

类别	名称	规格型号/mm	单位	数量
工具	卡盘扳手	8(3408)	把	1
	刀架扳手	10	把	1
	加力杆	250	把	1
	内六角扳手	1.5~10.0	套	1
	活动扳手	300	把	1
	垫片	0.2~2.0	片	若干
	切削屑钩	300	把	1
	卫生清洁工具毛刷等		套	1

3. 工作任务

(1) 独立完成工件安装及校正
(2) 合理选择切削用量独立完成端面、外圆车削
(3) 独立完成倒角、去毛刺
(4) 独立完成车削练习件尺寸测量

4. 工作准备

(1) 技术资料:工作任务卡 1 份、教材
(2) 工作场地:有良好的照明、通风和消防设施等条件
(3) 工具:按"工具"栏目准备相关工具
(4) 建议分组实施教学。每 2 人为一组,每组配备一台车床。通过分组讨论操作训练
(5) 劳动防护:穿戴劳保用品、工作服

4.2.2 引导问题

(1) 车床如何车削外圆、端面?

(2) 外圆车削时直径尺寸如何准确控制？
(3) 如何进行正确的测量确保加工精度？

4.3 知识链接

4.3.1 工件安装及校正

工件安装

车削时，将工件装夹在车床的夹具中，经过校正、夹紧，使它在整个加工过程中始终保持正确位置，称为工件安装。
① 常用夹具：三爪卡盘、四爪卡盘。
② 校正：将工件的被加工位置的中心线调整至与主轴的回转中心重合（定位）。
③ 夹紧：防止工件在切削力的作用下，产生位移、松动、脱落，保证安全。
④ 注意事项：
a. 卡盘卡爪避免夹持毛边、凸凹位置和有明显锥度的表面；
b. 夹持部分尽量长些；
c. 伸出长度小于工件直径的 3~5 倍；
d. 工件夹紧后随手取下卡盘扳手。

4.3.2 车端面

端面车削方法

车端面（学生）

车端面是刀具的横向（径向）进给方向，即刀具的进给方向垂直于工件的回转轴线，适合于加工工件的侧面（端面）和切槽，因端面是轴向定位的基准，一般先将其加工出来。

(1) 端面车削　车端面是利用车床加工零件端面的过程，目的是使工件达到指定的尺寸、端面粗糙度或是垂直度。

(2) 端面的车削方法　车端面时，刀具的主刀刃要与端面有一定的夹角。工件伸出卡盘外部分应尽可能短些，车削时用中滑板横向走刀，走刀次数根据加工余量而定，可采用自外向中心走刀，也可以采用自圆中心向外走刀的方法。

常用端面车削时的几种情况如图 4-1 所示。

(3) 端面车削注意事项：
① 当采用端面车刀或外圆车刀（45°车刀、90°车刀）时，车刀的刀尖应对准工件中心，以免车出的端面中心留有凸台。
② 偏刀车端面，当背吃刀量较大时，容易扎刀。背吃刀量 a_p 的选择：粗车时 $a_p = 0.2~1$mm，精车时 $a_p = 0.05~0.2$mm。
③ 端面的直径从外到中心是变化的，切削速度也在改变，在计算切削速度时必须按端面的最大直径计算。

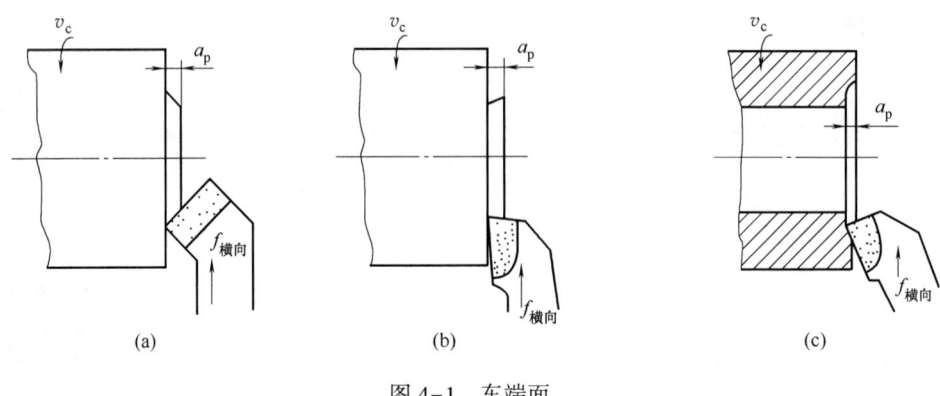

图 4-1 车端面

④ 车直径较大的端面,若出现凹心或凸肚时,应检查车刀和方刀架,以及大滑板(也称为大拖板)是否锁紧。

(4) 车端面的质量分析 车端面不平的原因有机床因素、工件因素、刀具因素等,在生产操作中,需根据具体问题进行分析,并采取措施去解决,从操作技术角度应注意以下问题。

① 端面产生凸凹现象或端面中心留"小头";原因是车刀刃磨或安装不正确,刀尖没有对准工件中心,吃刀深度过大;车床滑板导轨产生间隙造成产品缺陷。

② 表面粗糙度差。原因是车刀不锋利,手动走刀摇动不均匀或太快,自动走刀切削用量选择不当。

4.3.3 车外圆

将工件装夹在卡盘上作旋转运动,车刀安装在刀架上作纵向(轴向)移动,就可车出外圆柱和内圆内径。车削这类零件时,除了要保证图样的标注尺寸、公差和表面粗糙度外,一般还应注意形位公差的要求,如垂直度和同轴度的要求。外圆检测常用的量具有钢直尺、游标卡尺和分厘卡尺等。

(1) 车外圆的车刀的种类 外圆车刀按偏角分类有多种,每种角适用不同的加工,主要有如下:

a. 90°外圆车刀——带直角台阶的外圆。当轴向力较大,径向力较小,如适用于细长轴类零件,与45°外圆车刀相比,90°刀的刚性较差,不适合粗加工。

b. 45°外圆车刀——当径向力较大,轴向力较小,如适用于直径较大的棒料;其刀具散热性好、刚性较好,适合粗加工。

(2) 车外圆的操作步骤 工件、车刀正确安装后启动机床,工件旋转→移动大、中滑板,使车刀与工件外表面接触→中滑板不动,摇动大滑板向尾座方向移动出工件端面3~5mm→按选定的吃刀深度,摇动中滑板横向进刀→纵向车削工件3~5mm,纵向退刀、停车、测量→修正吃刀后,手动或自动走刀→车削到需要长度时,停止走刀,退出车刀,然后停车。

(3) 粗车、精车外圆的切削用量 粗车和精车要求不同。

a. 粗车——去除多余量。
- 优先选择大的吃刀深度 a_p 减少走刀次数。
- 选较大的走刀量 f 减少每次走刀的时间。
- 最后选择适当的切削速度 v_c。
- 在机床、工件安装、工件材料、刀具材料允许的情况下，各项尽量取大值，可提高生产效率。

b. 精车——达到图纸尺寸和表面要求。
- 优先选择高的切削速度，高速钢车刀选择 5m/min 以下的速度。
- 再选较小的走刀量 f 为 0.05~0.1mm。表面 $Ra1.6$，选合适的吃刀深度，硬质合金车刀：0.5~1mm/单边；高速钢：0.1~0.2mm/单边。

(4) 车外圆时易产生的主要问题：

a. 尺寸精度达不到要求。原因：看错尺寸，刻度盘使用不当，未进行试切削、测量不准。

b. 产生锥度。原因：工件安装悬伸太长，刀具已磨损，用小滑板进刀时小滑板位置不对。

4.3.4 车台阶

零件的台阶有直角和钝角之分，可选择不同主偏角的外圆车刀车削。台阶根据相邻两圆柱直径差值的大小，可分为低台阶和高台阶两种（图4-2）。

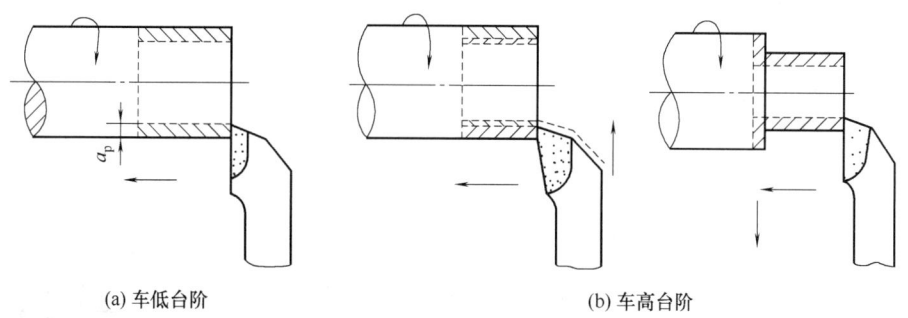

图 4-2 车台阶

a. 低台阶的车削——一次走刀车出。
b. 高台阶的车削——多次走刀车出。
c. 直角台阶粗车可用主偏角小于 90° 车刀，精车时用 93° 到 95° 车刀车削，最后一刀刀尖到台阶根部后，可横向退刀车削，使台阶面与工件轴线垂直。
d. 钝角台阶最后一刀要将台阶面母线撤成直线。

4.3.5 中滑板刻度盘的使用方法

中滑板刻度盘作用：准确移动车刀，控制切深，达到零件尺寸精度要求。

中滑板刻度盘原理：螺纹传动。

中滑板的刻度盘装在中滑板丝杠上，当中滑摇手柄带动丝杠转上一圈时，刻度盘也转一圈，这时固定在中滑板上的螺母就带动中滑板上的车刀移动一螺距的距离。而中滑板刻度盘均匀分成若干等分，用螺距除以等分数，可以知道每一等分所代表车刀移动的距离数值。

刻度盘每转一格，刀架带动车刀移动 0.05mm；由于工件作旋转运动，所切下部分是车刀进给量的两倍，也就是工件直径改变 0.1mm。刻度盘使用时，由于丝杠与螺母之间有间隙，存在着空行程，即刻度盘转动而滑板未动。若摇过头时，必须排隙间隙，将刻度盘反向摇动一到两圈，然后再进到正确的刻度值。

例如：φ36 的坯料车至 φ31.2 中滑板应进多少格？

36−31.2＝4.8 4.8÷0.05＝96 96÷2＝48 格

4.3.6 尺寸控制

a. 刻痕法（图 4-3）控制长度尺寸。

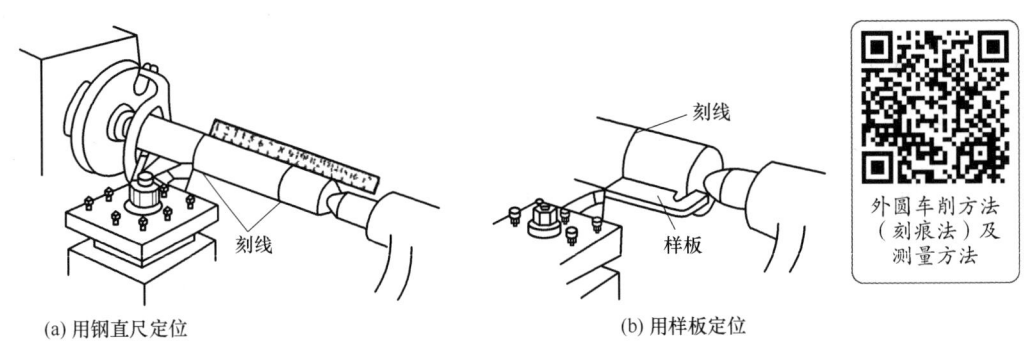

图 4-3 刻痕法

b. 试切法（图 4-4）控制外圆尺寸。

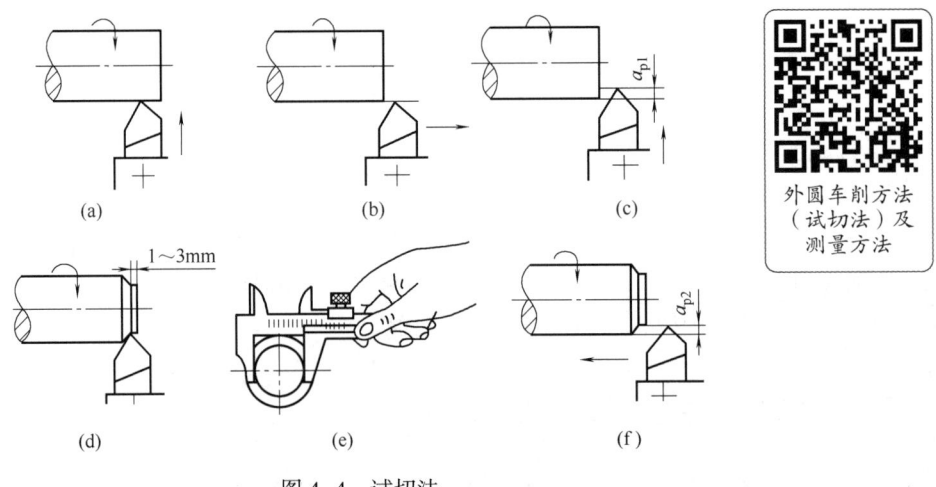

图 4-4 试切法

4.3.7 车端面、台阶易产生的问题

a. 端面产生凹凸——小滑板太松或刀架没锁紧。车刀不锋利或后角太小,产生让刀。
b. 台阶不垂直——车刀主刀刃与工件轴线不垂直(主偏角小于 90 度)。高台阶最后一刀没有清角,横向退刀车平台阶面。
c. 台阶长度不正确——看错图纸尺寸,测量不正确。

4.3.8 切削用量

切削用量是指切削速度 v_c、进给量 f(或进给速度 v_f)和背吃刀量 a_p 三者的总称,常称为切削用量三要素。切削三要素是影响切削加工质量、刀具磨损、机床动力消耗及生产率的重要参数。

(1) 切削速度 v_c 切削速度是单位时间内工件与刀具沿主运动方向相对移动的距离(m/min 或 m/s)。它是衡量主运动速度高低的参数。

如主运动为旋转运动(如车削、铣削等),切削速度 v_c(m/min)一般为其最大线速度,计算公式为

$$v_c = \frac{\pi n D}{1000}$$

式中:D——工件某一点的回转直径(mm);
n——工件或刀具转速(r/min)。

切削用量
(自动进给)

(2) 进给量 f、进给速度 v_f 进给量 f,刀具或工件每回转一周时二者沿进给方向的相对位移量。

车削时,进给量是指工件每转一周,车刀沿进给运动方向的位移量(mm/r);钻削时,进给量是指钻头每转一周,钻头沿进给运动方向的位移量(mm/r)。

进给速度 v_f,单位时间内刀具和工件沿进给运动方向的相对位移量。

(3) 背吃刀量 a_p 背吃刀量 a_p 为工件上已加工表面和待加工表面间的垂直距离,以 a_p 表示,单位为 mm。

外圆车削时 a_p 可用下式计算:

$$a_p = \frac{D-d}{2}$$

4.3.9 冷却与润滑

切削液有三大作用:冷却作用、润滑作用、清洗作用。

(1) 冷却作用   在切削加工中,切削液能吸收并带走切削区域大量的热量,降低刀具和工件的温度,从而延长刀具的使用寿命,并能减少工件因受热变形而产生的尺寸误差,同时也为提高生产效率创造了重要条件。

(2) 润滑作用   在切削加工中,切削液能渗透到工件与刀具之间,在切屑与刀具的

微小间隙中形成一层很薄的吸附膜,因此,可减小刀具与切屑、刀具与工件间的摩擦,减少刀具的磨损,从而使排屑流畅,并提高工件的表面质量。对于精加工,润滑作用就显得更加重要了。

(3)清洗作用 在切削加工中产生的细小切屑容易吸附在工件和刀具上,尤其在加工内孔时,切屑容易造成堵塞。浇注充分的切削液,则可将切屑迅速冲走,使切削顺利进行。如在车削薄壁套的精车时选用较浓的极压乳化液作为切削液,对精加工起到非常重要的作用。

4.3.10 倒角、去毛刺

(1)倒角 倒角指的是把工件的棱角切削成一定斜面的加工。倒角是为了去除零件上因机加工产生的毛刺,也为了便于零件装配,一般在零件端部做出倒角。

① 45°倒角标注。国家标准《机械制图 尺寸注法》(GB/T 4458.4—2003)在其5.9节中指出,45°的倒角可按图4-5的形式标注。

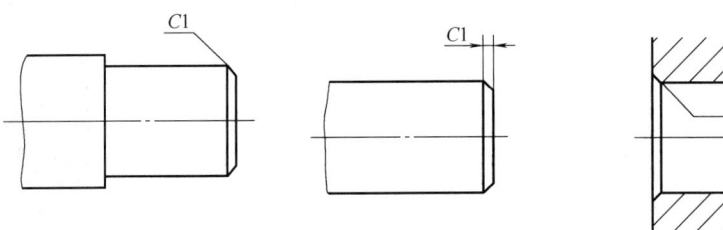

图 4-5 45°倒角的注法

② 非45°倒角标注。国家标准《机械制图 尺寸注法》(GB/T 4458.4—2003)在其5.9节中规定,非45°的倒角应按图4-6的形式标注。

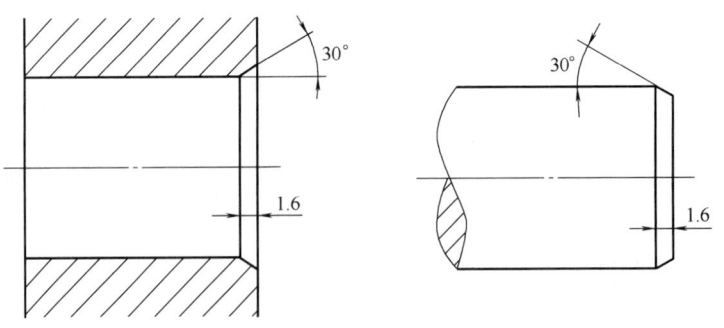

图 4-6 非45°倒角的注法

(2)去毛刺 去毛刺,就是去除在零件面与面相交处所形成的刺状物或飞边。由于毛刺的存在将导致整个机械系统不能正常工作,使可靠性、稳定性降低。所以除非工艺要求不用去毛刺,否则零件加工完成后在取下之前必须要进行去毛刺。

4.4 工作计划

(1) 独立完成工件安装及校正,并描述具体操作。

(2) 合理选择切削用量,独立完成端面、外圆车削,并描述具体操作。

(3) 独立完成倒角、去毛刺,并描述具体操作。

(4) 独立完成车削练习件尺寸测量,并描述具体操作。

4.5 工作实施流程及操作要求

生产中加工零件,调度员需下达工作任务流程单,如表 4-2 所示。

表 4-2　　　　　　　　工作流程及操作要求

序号	操作流程	工作内容	学习问题反馈
1	工件安装	装夹→校正→夹紧	
2	端面车削	(1)根据加工材质,选择 90°偏刀或 45°弯头刀,并按要求安装(可逆时针偏转车刀 5°~15°) (2)在工件端面进行对刀,对刀时要对准工件中心,防止出现凸台 (3)中滑板退刀 (4)小滑板进刀 (5)中滑板进刀车削	

续表

序号	操作流程	工作内容	学习问题反馈
3	外圆车削	(1)直径小的棒料,选择 90°车刀,安装刀具,在外圆面上进行对刀 (2)大滑板退刀 (3)中滑板进刀(设定尺寸) (4)大滑板进刀车削	
4	倒角、去毛刺	(1)车刀逆时针偏转 45° (2)副刀刃中间位置车削 (3)用锉刀进行去毛刺(严禁戴手套持锉刀操作)	
5	测量	用正确的方法使用游标卡尺进行直径、长度尺寸测量,使用表面粗糙度样板比对表面质量	

4.6 安全注意事项

(1) 开关机前应先确认没有人在维修、操作机床。
(2) 实训现场为两人共用一台车床,但每次只允许一个人操作机床,在操作车床时其他人严禁操作机床、机床尾座等功能部件。
(3) 移动机床时要注意工作台的位置,避免发生机床碰撞事故。
(4) 理解并掌握中滑板刻度盘使用方法,计算合理的进给量,控制尺寸精度。
(5) 车削进给时选择正确的切削速度,确保表面粗糙度。
(6) 零件在加工完成后要使用锉刀进行毛刺去除,锉刀握持方法要规范。
(7) 零件加工完成取下前要对照图纸要求进行复量,确认无误后方可取下零件,零件取下后再次装夹很难保证加工精度。
(8) 出现紧急状况应先按下急停按钮,并报告指导老师。
(9) 每次实训下班前应按照 6S 管理的规范与标准整理实训现场。

4.7 考核与评价

作为一门专业实践课,操作规范与职业素养是贯穿整个课程的过程性考核,具体评价项目及标准如表 4-3 所示。

表 4-3 职业素养考核评价标准

考核项目	考核内容	配分	扣分	得分
实训纪律	服从安排,场地清扫等。违反一项扣 5 分	10		
安全生产	安全着装,按规程操作等。违反一项扣 5 分	10		
职业规范	机床预热,按照标准进行设备点检。违反一项扣 5 分	10		

续表

考核项目	考核内容	配分	扣分	得分
文明生产	工具、量具、刀具定制摆放、工作台面的整洁等。违反一项扣5分	10		
清洁、清扫	清理机床内部的铁屑,确保机床表面各位置的整洁,清扫机床周围的卫生,做好设备的保养。违反一项扣5分	20		
整理、整顿	工具、量具的整理与定制管理。违反一项扣5分	20		
职业素养	严格执行设备的日常点检工作。违反一项扣5分	20		
合计		100		

与"一根头发丝"较劲的倔强车工"龙一刀"

一根头发丝有多细?在国机重装二重装备大型轴类精加工高级技师龙小平的眼里,那是肉眼可见的精度差。这个精度差,会让动辄上百万、上千万的产品变得不值一分钱。而他要追求的,则是这一根头发丝的五分之一、十分之一、二十分之一、三十分之一,甚至更细。重型装备制造加工行业中,有一个对于大型轴类零件深加工的精度指标——微米级(0.001mm)。通过普通车床的切削加工,使重达上百吨的大型轴类零件产品精度达到微米级,几乎是不可能的事。但是,龙小平做到了。"大只是外在,精才是内在"。龙小平这样评价,要将大型轴类件产品的加工精度控制在微米级是非常难的。龙小平以自己的责任担当,开启了全新大轴类零件精深加工的微米时代,更以产品"零件缺陷"的优质诠释着工匠精神,践行和见证着"一场中国制造的品质革命"。

4.8　总结与提升

4.8.1　项目实施情况分析

项目完成后,根据项目实施情况,分析存在的问题及原因,并填写表4-4。指导老师对项目实施情况进行讲评。

表4-4　　　常规机械加工车削操作项目实施情况分析表

项目实施过程	存在的问题	解决的办法
工件安装及校正		
车端面		

续表

项目实施过程	存在的问题	解决的办法
车外圆		
车台阶		

4.8.2 总结

本章节结合车削操作的关键步骤、操作要点、注意事项，以及车床保养等内容让学生在实践中掌握车削操作和安全注意事项。

操作前准备：操作车床前，车床检查至关重要。需确保各润滑点按要求注油，让部件运转顺滑；确认变速、进给手柄在初始安全位置，防止意外启动；清理工作台及周边杂物，避免干扰。开关机时，务必确认无人维修、操作，保障安全。工件装夹依形状、尺寸和加工需求选工具，圆形工件用三爪卡盘自动定心夹紧，不规则工件则用四爪卡盘，找正后适度夹紧。刀具安装要适配且牢固，保证刀尖与主轴中心线等高，奠定精度基础。对刀操作通过手动移动滑板，让刀具轻触工件外圆和端面，记录 X、Z 轴坐标值录入，为精准加工做准备。

车削加工操作：车削加工严格遵循启动电源、解除急停、启动电机、调整转速、启动主轴再车削的流程。依据工件和刀具材质确定切削速度、进给量和背吃刀量，保障表面粗糙度，掌握中滑板刻度盘控制尺寸精度。加工中密切留意切削声音、切屑形状和工件表面质量，发现异常立即停机排查，移动机床关注工作台位置防碰撞。涉及螺纹加工等特殊工序，按规程准确设置参数操作。

项目 5　工件安装校正训练

5.1　学习目标及任务描述

5.1.1　知识目标

（1）熟悉工件的校正方法；
（2）熟悉端面的车削、倒角的方法；
（3）熟悉长度尺寸测量的方法。

5.1.2　技能目标

（1）能够使用目测法校正工件；
（2）能够独立完成端面车削和外圆车削及倒角；
（3）能够正确检测平行度。

5.1.3　素质目标

（1）具备严谨、细心、全面、追求高效、精益求精的职业素质；
（2）养成认真、求知、实事求是的学风；
（3）遵循安全文明生产规程、逐步形成规范操作的基本职业素养；
（4）具备沟通协调能力、团队合作精神，以及较强的敬业精神。

5.2　任务描叙

　　车床上切削工件的安装常用方法主要有：三爪卡盘安装、四爪卡盘安装、顶尖安装、心轴安装等。工件安装后又如何确保工件中心线与车床导轨平行度一致，以及采用什么测量工具保证工件加工的精密度，本任务将学习车床工件的安装与找正。

5.2.1　工作任务卡

　　在企业生产管理中，为了提高工作效率，把复杂的生产过程，用工作任务流程卡来表示,如表 5-1 所示为工件安装校正训练的工作任务卡。

表 5-1　　　　　　　　　　　　工作任务卡

项目编号	5	任务名称	零件安装校正练习
设备型号	CA6140A	工作区域	机加实训中心——车削教学区
版本	V1	建议学时	8 学时

1. 金工实训工作守则

(1)坚持安全、文明生产规范,严格遵守车间制度和劳动纪律
(2)着装规范(工作服、劳保鞋),不携带与生产无关的物品进入车间
(3)实训现场工具、量具和刀具等相关物料的定制化管理
(4)检查量具检定日期
(5)卡盘扳手随手取下,严禁徒手清零铁屑

2. 工具

类别	名称	规格型号/mm	单位	数量
工具	卡盘扳手	10	把	1
	刀架扳手	10	把	1
	加力杆	250	把	1
	内六角扳手	1.5~10.0	套	1
	活动扳手	300	把	1
	垫片	0.2~2.0	片	若干
	铁屑钩	300	把	1
	卫生清洁工具毛刷等		套	1
量具	钢直尺	0~300	把	1
	游标卡尺	0~150	把	1
刀具	90°外圆车刀	16×16×150	把	1
	切断刀	4×16×150	把	1
耗材	棒料	Q235	根	按图样

3. 工作任务

加工如下图所示零件,毛坯为 φ50mm×73mm 的棒料,材料为 Q235

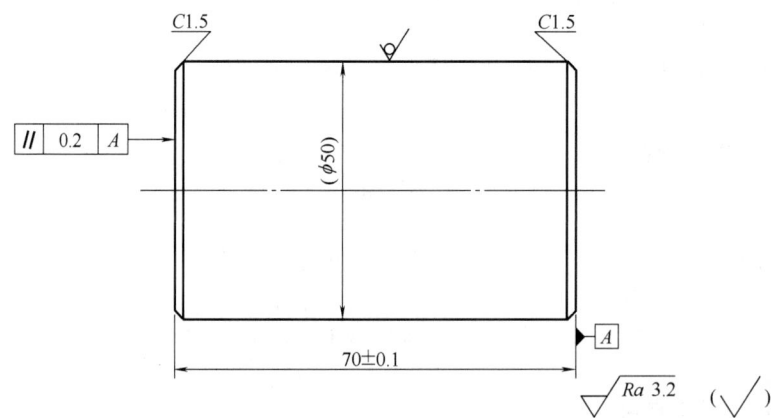

续表

4. 工作准备
（1）技术资料:工作任务卡1份 （2）工作场地:有良好的照明、通风和消防设施等条件 （3）工具:按"工具"栏目准备相关工具 （4）建议分组实施教学。每2人为一组,每组配备一台车床。通过分组讨论操作训练 （5）劳动防护:穿戴劳保用品、工作服

5.2.2 引导问题

（1）工件校正的方法有哪些？
（2）工件安装有哪些注意事项？
（3）校正件如何控制零件平行度？

5.3 知识链接

（1）工件校正 在CA6140A上进行工件校正，这是必须熟练掌握的技术，它需要长时间的经验积累，没有捷径可走。常用的装夹部件为三爪卡盘，使用三爪夹持的校正方法主要有两种：一是目测校正，用于要求不高的校正。开始夹持工件时工件距三爪卡盘的长度不超过100mm为宜，不要夹得过紧，旋转三爪卡盘，目测（或用画针）工件的末端是否有高低变化，找到最高点，用榔头轻轻敲击最高点（敲击点应在工件悬伸的最外端），如此反复，直至旋转工件旋转一周高低变化很小，最后使用卡盘扳手将工件夹紧。二是百分表校正，用于较高要求的校正。校正处必须是粗加工或半精加工过的，过程方法与第一种相同，只是敲击时，用铜锤或木槌轻轻敲击，必须把表的测头拉起以免被震坏百分表，夹紧后还需复校一次，以免失误。

（2）车端面 轴、套、盘类工件的端面常用来作为轴向定位和测量的基准。零件车削加工时，一般都先将端面车出，端面的车削加工如图5-1所示。如图5-1（a）所示，45°弯头车刀车端面时，参加切削的是车刀主切削刃，切削顺利，因此工件表面粗糙度值小，适用于车削较大的平面。如图5-1（b）所示，右偏刀车端面时、参加切削的是车刀的副切削刃，切削起来不顺利，表面粗糙度值较大，它适用于车削带台阶和端面的工件。如图5-1（c）所示，对于有孔的工件，用右偏刀车端面时是由中心向外进给。这时是用主切削刃切削，切削顺利，表面粗糙度值较小。

车端面时应注意以下几点：

① 车刀的刀尖应对准工件的回转中心，否则会在端面中心留下凸台。

② 工件中心处的线速度较低，为获得整个端面上较好的表面质量，车端面的转速比车外圆的转速要高一些。

③ 车削直径较大的端面时，应将纵溜板锁紧在床身上，以防纵溜板让刀引起端面外凸或内凹。此时用小溜板调整背吃刀量。对于精度要求高的端面，应分粗、精加工。

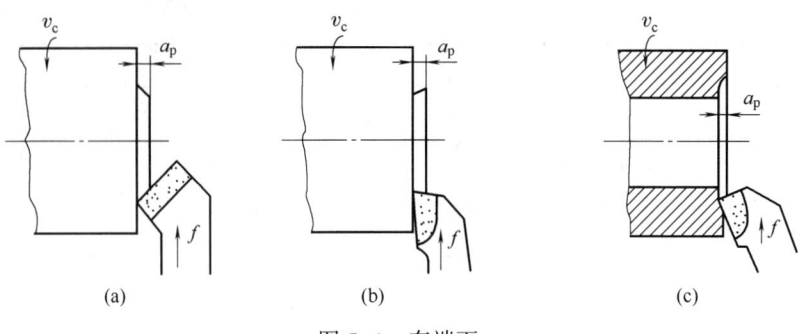

图 5-1 车端面

(3) 车端面的质量分析

① 端面不平,产生凸凹现象或端面中心留"小头";原因是车刀刃磨或安装不正确,刀尖没有对准工件中心,吃刀深度过大,车床有间隙拖板移动。

② 表面粗糙度差。原因是车刀不锋利,手动走刀摇动不均匀或太快,自动走刀切削用量选择不当。

(4) 车端面的切削用量选择

① 吃刀深度 a_p。粗车时:1.5~2mm;精车时:0.3~0.5mm。

② 走刀量 f。粗车时:0.15~0.3mm/r;精车时:0.05~0.1mm/r。

③ 切削速度 v_c。车端面时的切削速度是随工件直径的减小而减小,计算时按工件的最大直径计算。

5.4　工作计划:校正件车削加工

通过学习掌握车削校正件,保证工件尺寸加工方法,掌握在车床上车削校正件的方法,掌握工艺卡片的编写。

按照图纸要求完成校正件,校正件如图 5-2 所示,评分标准及工艺过程卡如表 5-2、表 5-3 所示。

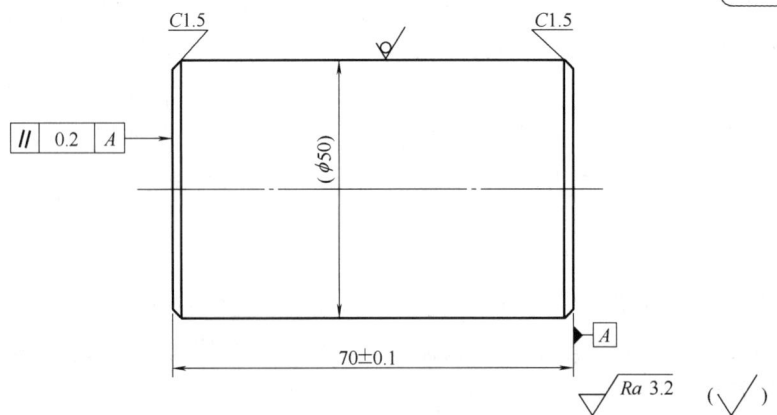

图 5-2　校正件

技术要求:平行度≤0.2;表面粗糙度 $Ra3.2$。

表 5-2　　　　　　　　　　　校正件加工评分标准表

序号	考核项目	配分	考试标准	扣分	得分
1	70±0.1	40	超差 0.1mm 扣 10 分,扣完为止		
2	//0.2	20	超差 0.1mm 扣 10 分,扣完为止		
3	倒角及去毛刺	10	每处 5 分,超差无分		
4	表面粗糙度 $Ra3.2\mu m$	30	每降一级扣 10 分		

表 5-3　　　　　　　　　　　普通零件车床加工工艺过程卡

零件名称	校正件	材料名称		棒料			
设备型号及编号	CA6140A	材料牌号		Q235			
夹具名称	三爪卡盘	毛坯尺寸		$\phi 50mm \times 73mm$			
工步序号	工步内容	工艺装备		主轴转速/(r/min)	进给速度/(mm/r)	操作者	检验
		刀具	量具				
1	校正、夹紧						
2	车右端面,车平即可,倒角、去毛刺	90°外圆车刀		280	0.05		
3	工件掉头校正、夹紧						
4	车左端面,保证平行度,控制总长 70mm	90°外圆车刀	游标卡尺	280	0.05		
5	倒角、去毛刺						
6	交检						

5.5　工作实施流程及操作要求

校正件加工工艺步骤如表 5-4 所示。

表 5-4　　　　　　　　　　　校正件加工工艺步骤

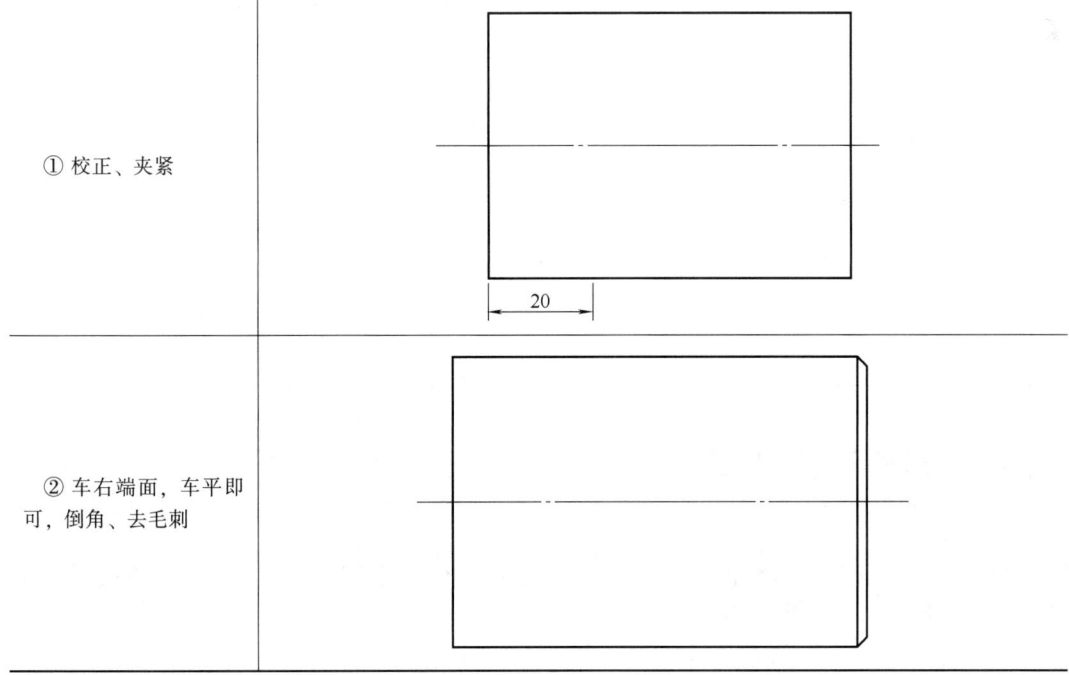

| ① 校正、夹紧 |
| ② 车右端面,车平即可,倒角、去毛刺 |

续表

③ 工件掉头校正，夹紧	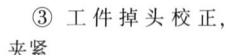
④ 车左端面，保证平行度，控制总长 70mm	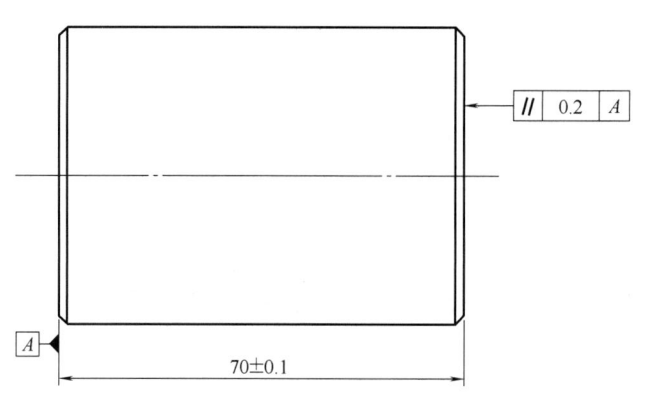
⑤ 倒角、去毛刺、交检	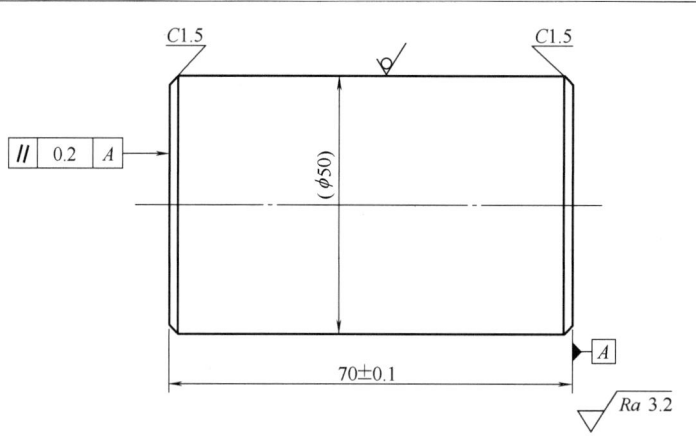

5.6 安全注意事项

（1）安装校正件进行校正时使用目测法校正，矫正完成后一定要使用卡盘扳手将工件夹紧，否则工件飞出容易造成安全事故。

（2）校正件右端车削完成后掉头装夹，先车削端面，然后检测工件平行度。如果平行度合格则进行下一步操作，如果平行度不合格则需取下工件重新装夹、校正、夹紧，再车削端面并检查工件平行度是否合格。

（3）着装规范（工作服、劳保鞋），女生必须戴好工作帽，戴好护目镜。

（4）实训现场工具、量具和刀具等相关物料的定制化管理。

（5）工具准备：严格按照工具清单准备工、量、夹具，落实工具"三清点"制度。

（6）按图纸施工，按工艺施工：严谨细致，按章操作。

（7）严格遵守操作规范，防止发生人身安全事故。操作车床时禁止戴手套，两人共用一台车床只准一人操作。开车前必须检查各手柄是否在正确位置，注意查看卡盘扳手是否取下。车削操作过程中如果需要主轴变速，必须先停机再调整主轴转速。车削时时刻注意车削情况，不能用损坏的车刀车削工件，当车刀出现极度磨损或工件表面出现划痕和毛刺应及时更换新刀。

（8）尺寸检查：养成零缺陷、无差错的质量意识。

（9）严禁用手清除切削屑，使用铁屑钩清理切削屑，必要时将车床停机清理切削屑。

（10）每班工作后应擦净车床三个导轨面，要求无油污、无切削屑和冷却液并加油（采用浇油润滑），使车床外露表面清洁，场地整齐。将溜板箱、尾座摇至原点位置，关闭电源。

5.7 考核与评价

作为一门专业实践课，职业素养、操作规范和劳动教育是贯穿整个课程的过程性考核，具体评价项目及标准见表 5-5。

表 5-5　　　　　　　　　　　职业素养考核评价标准

考核项目	考核内容	配分	扣分	得分
实训纪律	服从安排，场地清扫等。违反一项扣 5 分	10		
安全生产	安全着装，按规程操作等。违反一项扣 5 分	10		
职业规范	机床预热，按照标准进行设备点检。违反一项扣 5 分	10		
文明生产	工具、量具、刀具定制摆放，工作台面的整洁等。违反一项扣 5 分	10		
清洁、清扫	清理机床内部的铁屑，确保机床表面各位置的整洁，清扫机床周围的卫生，做好设备的保养。违反一项扣 5 分	20		
整理、整顿	工具、量具的整理与定制管理。违反一项扣 5 分	20		
职业素养	严格执行设备的日常点检工作。违反一项扣 5 分	20		
合计		100		

5.8 总结与提升

5.8.1 项目实施情况分析

项目完成后,根据项目实施情况,分析存在的问题及原因,并填写表 5-6。指导老师对项目实施情况进行讲评。

表 5-6　　　　　　　　　　工件安装校正训练实施情况分析表

项目实施过程	存在的问题	解决的办法
工件校正		
车端面		
车端面的质量分析		
车端面的切削用量选择		

5.8.2 总结

在校正件安装与校正操作训练中,正确运用方法是保障安全与加工质量的关键。首先,针对毛坯件校正,采用目测法进行初步校正。操作人员需凭借经验与眼力,观察毛坯件在卡盘中的位置,确保其大致处于中心位置,减少后续加工误差。校正完成后,务必使用卡盘扳手将工件牢固夹紧。这一步骤极为重要,若工件未夹紧,在车床高速运转时,极有可能飞出,不仅会损坏设备,更会对操作人员的人身安全构成严重威胁。

其次当校正件右端车削完成,需掉头装夹继续加工。装夹完成后,先车削端面,为后续平行度检测提供基准面。随后,使用专业量具(如千分尺、平板等)检测工件平行度。若平行度符合加工要求,可顺利进行下一步操作;若平行度不合格,需严格按照流程,先将工件取下,重新进行装夹、校正操作,确保工件在卡盘中的位置精准无误,再次用卡盘扳手夹紧,然后重新车削端面,并再次检查工件平行度,直至平行度合格。整个过程中,操作人员需保持专注,严格遵循操作规范,在确保安全的前提下,提升校正件加工精度。

项目 6　销类零件加工

6.1　学习目标及任务描述

6.1.1　知识目标

（1）掌握零件外圆车削的方法；
（2）掌握圆锥车削的方法；
（3）掌握车床上钻孔的方法。

6.1.2　技能目标

（1）能够用试切法切外圆，控制尺寸精度及表面粗糙度；
（2）能够用转动小滑板法车削圆锥；
（3）能够用麻花钻钻孔。

6.1.3　素质目标

（1）具备严谨、细心、全面、追求高效、精益求精的职业素质；
（2）养成认真、求知、实事求是的学风；
（3）遵循安全文明生产规程、逐步形成规范操作的基本职业素养；
（4）具备沟通协调能力、团队合作精神，以及较强的敬业精神。

6.2　任务描叙

销类零件主要有圆柱销、圆锥销、内螺纹销、台阶圆柱销等，其主要作用是装配定位，由于销轴和销孔的精度直接关系到装配的准确性和稳定性，因此，对销轴和销孔的精度有一定要求。

6.2.1　工作任务卡

销类零件是机械装配中常用的定位零件，对其加工精度和表面粗糙度有一定要求，按

表 6-1 所示加工完成。

表 6-1　　　　　　　　　　　　工作任务卡

编号	6	任务名称	销类零件加工
设备型号	CA6140A	工作区域	机加实训中心——车削教学区
版本	V1	建议学时	16 学时

1. 金工实训工作守则

(1) 坚持安全、文明生产规范,严格遵守车间制度和劳动纪律
(2) 着装规范(工作服、劳保鞋),不携带与生产无关的物品进入车间
(3) 实训现场工具、量具和刀具等相关物料的定制化管理
(4) 检查量具检定日期
(5) 卡盘扳手随手取下,严禁徒手清理铁屑
(6) 培养学生勤学好问、勤于思考、规范操作、严谨工作的求学态度

2. 工具

类别	名称	规格型号/mm	单位	数量
工具	卡盘扳手	10	把	1
	刀架扳手	10	把	1
	加力杆	250	把	1
	内六角扳手	1.5~10.0	套	1
	活动扳手	300	把	1
	垫片	0.2~2.0	片	若干
	切削屑钩	300	把	1
	卫生清洁工具毛刷等		套	1
量具	钢直尺	0~300	把	1
	游标卡尺	0~150	把	1
刀具	90°外圆车刀	16×16×150	把	1
	切断刀	4×16×150	把	1
耗材	棒料	Q235	根	按图样

3. 工作任务

(1) 独立操作 CA6140A 车床完成定位销车削,加工如下图所示零件,毛坯为 φ25mm×400mm 的棒料,材料为 Q235

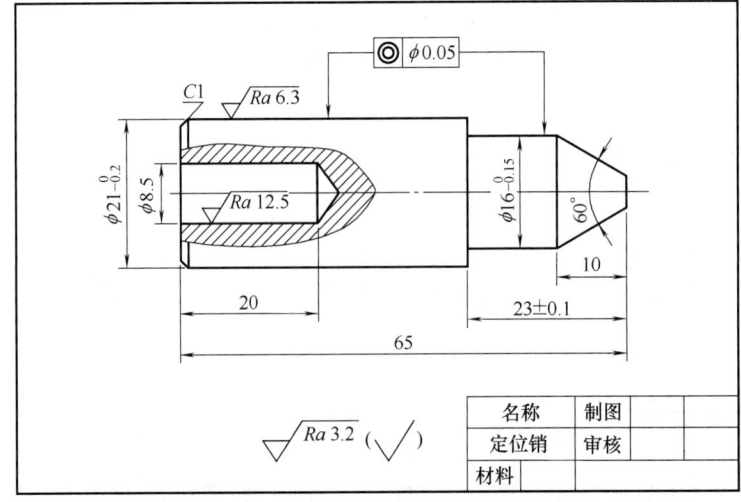

续表

（2）独立操作 CA6140A 车床完成飞行器螺钉车削，加工如下图所示零件，毛坯为 φ25mm×400mm 的棒料，材料为 Q235

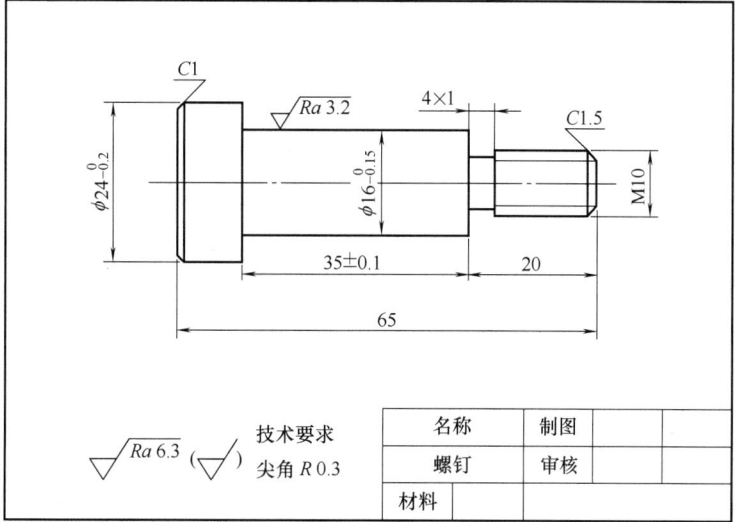

4. 工作准备

（1）技术资料：工作任务卡 1 份
（2）工作场地：有良好的照明、通风和消防设施等条件
（3）工具：按"工具"栏目准备相关工具
（4）建议分组实施教学。每 2 人为一组，每组配备一台车床。通过分组讨论操作训练
（5）劳动防护：穿戴劳保用品、工作服

6.2.2　引导问题

（1）如何正确安装和使用切断刀？
（2）偏转小滑板车削圆锥有哪些注意事项？
（3）圆锥长度尺寸如何控制？

6.3　知识链接

在实心工件上加工孔，必须先在工件上打样冲眼，然后用钻头钻孔，这样可以确保钻孔的准确性。如不在工件上打样冲眼，靠车床安装工件与钻头的同轴度与垂直度，也可以保证精度，但对操作者有一定的技术要求。钻孔的精度可达 IT12。

钻孔

（1）标准麻花钻　麻花钻是通过其相对固定轴线的旋转切削以钻削工件的圆孔的工具。因其容屑槽成螺旋状形似麻花而得名。如图 6-1 所示为标准麻花

钻。螺旋槽有 2 槽、3 槽或更多槽,以 2 槽最为常见。麻花钻可被夹持在手动、电动的手持式钻孔工具或钻床、铣床、车床乃至加工中心上使用。钻头材料一般为高速工具钢或硬质合金。标准麻花钻由柄部、颈部、工作部分组成,柄部有直柄和莫氏锥柄两种。

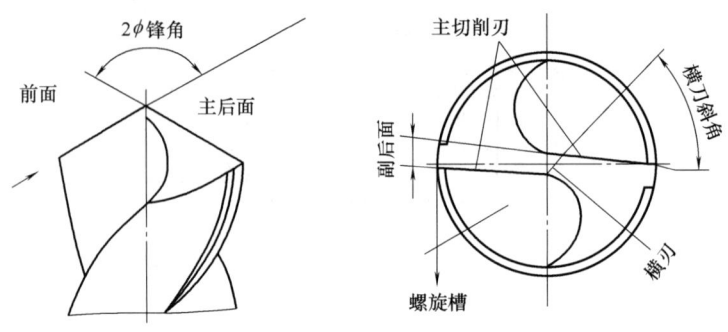

图 6-1　标准麻花钻

(2) 麻花钻在车床上的使用

① 直柄(直径小于 13mm)——用钻夹头安装、夹持。利用钻夹头的锥柄插入车床的尾座套筒内。

② 锥柄(直径大于 13mm)——麻花钻可直接或用锥形过渡套插入车床尾座套筒内。

(3) 在车床上钻孔的方法

① 钻孔前:先把工件端面车平,中心处不能有凸台。钻头装入尾座套筒以后,检查调整钻头中心与工件回转中心重合。将钻头慢慢引向工件端面,不可用力过大。

② 小孔:可选用中心钻钻定心孔,再用麻花钻钻孔。孔钻了一段后,应退出钻头,停车测量孔径。钻深孔时,必须经常退出钻头,清除铁屑,冷却钻头。当孔钻通时,为控制深度,可利用尾座套筒刻度线或在钻头上做出记号。小于 $\phi 30mm$ 的孔,可一次用钻头钻出。

(4) 钻孔的切削用量

① 吃刀深度 $a_p = \dfrac{D}{2}$

② 切削速度 $v_c = \dfrac{\pi n D}{1000}$

钢:0.1~0.3mm/r。

铸铁:0.15~0.4mm/r。

(5) 钻孔产生废品的原因

① 孔歪斜:工件端面不平、尾座偏移、钻头太长、起钻走刀太快、钻头顶锋角与工件回转中心不重合、工件材料有缺陷。

② 孔径大:钻头直径选错、钻头两主刀刃长度不对称、钻头未对准工件中心、钻头摆动。

(6) 钻孔安全注意事项

① 操作钻床时绝不能戴手套,袖口必须扎紧,女工必须戴工作帽。

② 用钻夹头装夹钻头时要用钻夹头钥匙，不可用扁铁和手锤敲击，以免损坏夹头和影响钻床主轴精度。工件装夹时，必须做好装夹面的清洁工作。

③ 工件必须夹紧，特别在小工件上钻较大直径孔时装夹必须牢固，孔将钻穿时，要尽量减小进给力。在使用过程中，工作台面必须保持清洁。

④ 开动钻床前，应检查是否有钻夹头钥匙扳手或斜铁插在钻轴上。使用前必须先空转试车，在机床各机构都能正常工作时才可操作。

⑤ 钻孔时不可用手和棉纱头或用嘴吹来清除切屑，必须用毛刷清除，钻出长条切屑时，要用钩子钩断后除去。钻通孔时必须使钻头能通过工作台面上的让刀孔，或在工件下面垫上垫铁，以免钻坏工作台面。钻头用钝后必须及时修磨锋利。

⑥ 操作者的头部不准与旋转着的主轴靠得太近，停车时应让主轴自然停止，不可用手去刹住，也不能用反转制动。

⑦ 严禁在开车状态下装拆工件。检验工件和变换主轴转速，必须在停车状况下进行。

⑧ 清洁钻床或加注润滑油时，必须切断电源。

⑨ 钻床不用时，必须将机床外露滑动面及工作台面擦净，并对各滑动面及各注油孔加注润滑油。

6.4 工作计划一：定位销车削加工

通过学习掌握车削定位销，保证零件尺寸加工方法，掌握在车床上车削定位销的方法。掌握工艺卡片的编写。

按照图纸要求完成零件，零件如图 6-2 所示，评分标准如表 6-2 所示，工艺过程卡如表 6-3 所示。

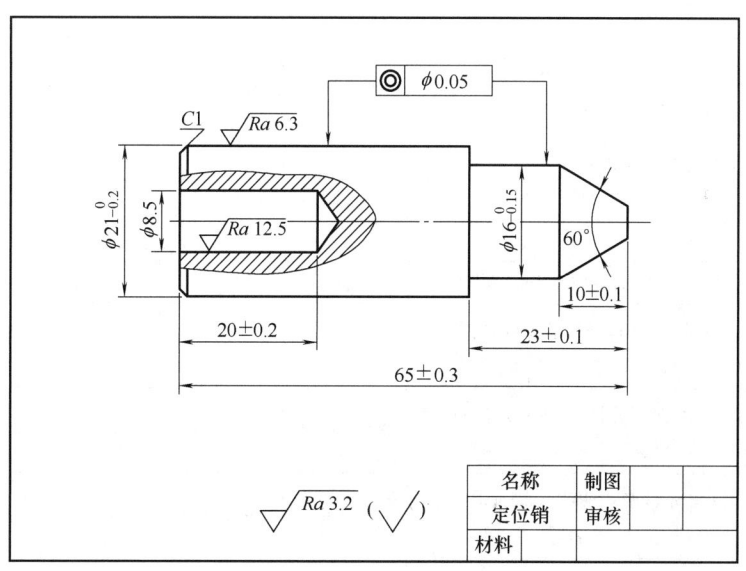

图 6-2 定位销

表 6-2　　　　　　　　　　　　　　定位销加工评分标准表

序号	考核项目	配分	考试标准	扣分	得分
1	65±0.3	10	超差0.1mm扣5分,扣完为止		
2	23±0.1	10	超差0.1mm扣5分,扣完为止		
3	20±0.2	5	超差0.1mm扣5分,扣完为止		
4	10±0.1	5	超差0.1mm扣5分,扣完为止		
5	$\phi 21_{-0.2}^{0}$	20	超差0.1mm扣5分,扣完为止		
6	$\phi 16_{-0.15}^{0}$	20	超差0.1mm扣5分,扣完为止		
7	锥度60°	5	超差0.1mm扣5分,扣完为止		
8	$\phi 8.5$	5	超差0.1mm扣5分,扣完为止		
9	倒角及去毛刺	10	每处5分,超差无分		
10	表面粗糙度	10	每降一级扣5分		

表 6-3　　　　　　　　　　　　普通零件车床加工定位销工艺过程卡

零件名称		定位销		材料名称		棒料		
设备型号及编号		CA6140A		材料牌号		Q235		
夹具名称		三爪卡盘		毛坯尺寸		$\phi 25\text{mm} \times 400\text{mm}$		
工步序号	工步内容		工艺装备		主轴转速/(r/min)	进给速度/(mm/r)	操作者	检验
			刀具	量具				
1	夹持毛坯伸出约85mm,校正,夹紧			钢直尺				
2	车右端面,车平即可		90°外圆刀		450	0.1		
3	粗车 $\phi 21_{-0.2}^{0}$ mm 到 $\phi 21.5\text{mm} \times 68\text{mm}$,粗车 $\phi 16_{-0.15}^{0}$ mm 到 $\phi 16.5\text{mm} \times 22.5\text{mm}$		90°外圆刀	游标卡尺	450	0.15		
4	半精车 $\phi 21_{-0.2}^{0}$ mm 到图纸要求尺寸,$\phi 16_{-0.15}^{0} \times (23\pm 0.1)$ mm 到图纸要求		90°外圆刀	游标卡尺	500	0.1		
5	逆时针转动小滑板30°,摇动小滑板手柄车外圆锥,控制锥度长10mm,去毛刺		90°外圆刀	游标卡尺	450	0.1		
6	用切断刀按总长度65.5mm切断		切断刀	游标卡尺	630			
7	工件掉头,夹持 $\phi 21_{-0.2}^{0}$ mm 外圆(铜皮保护),校正,夹紧							
8	车端面,保证总长(65±0.03)mm,倒角C1,去毛刺		90°外圆刀	游标卡尺	450	0.1		
9	用 $\phi 8.5$mm 麻花钻钻 $\phi 8.5$mm 孔,控制深度(20±0.2)mm,孔口去毛刺		麻花钻	游标卡尺	630			
10	交检,评分							

6.5 定位销工作实施流程及操作要求

工艺步骤：

① 夹持毛坯伸出约85mm，校正，夹紧。

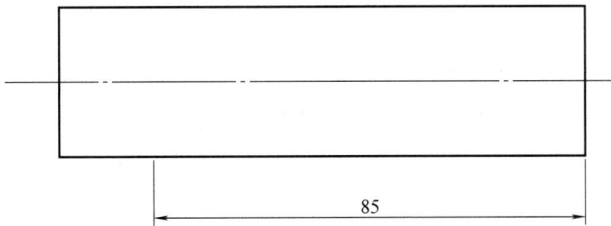

② 车右端面，车平即可。

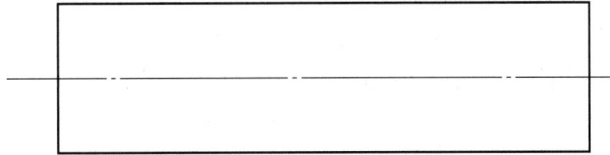

③ 粗车 $\phi21_{-0.2}^{0}$ 到 $\phi21.5\times68$，粗车 $\phi16_{-0.15}^{0}$ 到 $\phi16.5\times23.5$。

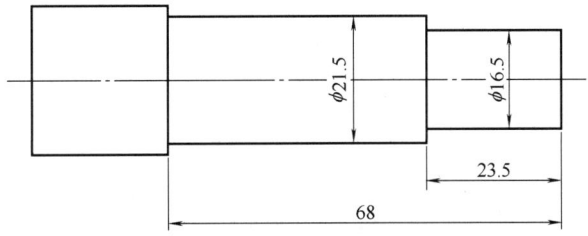

④ 半精车 $\phi21_{-0.2}^{0}$ 到图纸要求尺寸，表面粗糙度 $Ra6.3\mu m$，$\phi16_{-0.15}^{0}\times(23\pm0.1)$ 到图纸要求尺寸。

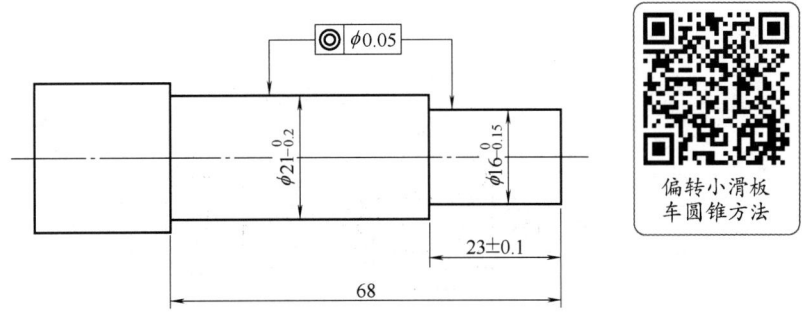

偏转小滑板车圆锥方法

⑤ 逆时针转动小滑板30°，摇动小滑板手柄车外圆锥，控制锥度长10mm，去毛刺。

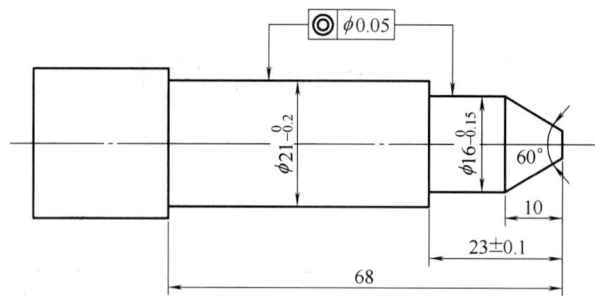

⑥ 用切断刀按总长度 65.5mm 切断。

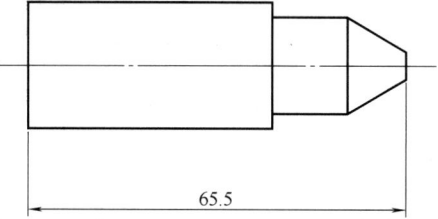

⑦ 工件掉头，夹持 $\phi 21_{-0.2}^{0}$ 外圆（铜皮保护），工件伸出长度 15mm，校正，夹紧。

⑧ 车端面，保证总长（65±0.03）mm，倒角 C1，去毛刺。

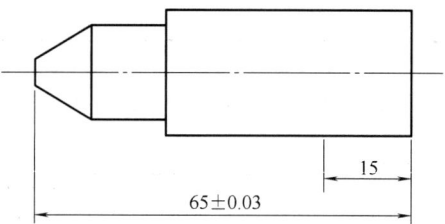

⑨ 用 $\phi 8.5$ 麻花钻钻 $\phi 8.5$ 孔，控制深度 20mm，孔口去毛刺。

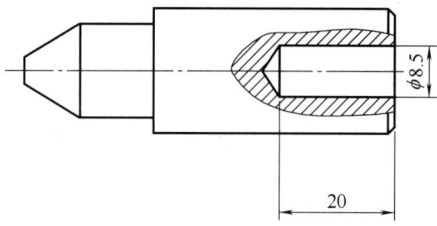

⑩ 交检，评分。

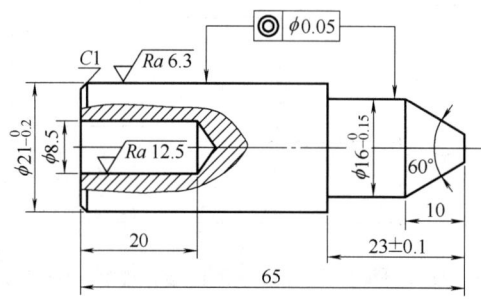

6.6 工作计划二：飞行器螺钉车削加工

通过学习掌握车削飞行器螺钉，保证零件尺寸加工方法，掌握在车床上车削飞行器螺钉的方法。掌握工艺卡片的编写。

按照图纸要求完成零件，零件如图 6-3 所示，评分标准如表 6-4 所示，工艺过程卡如表 6-5 所示。

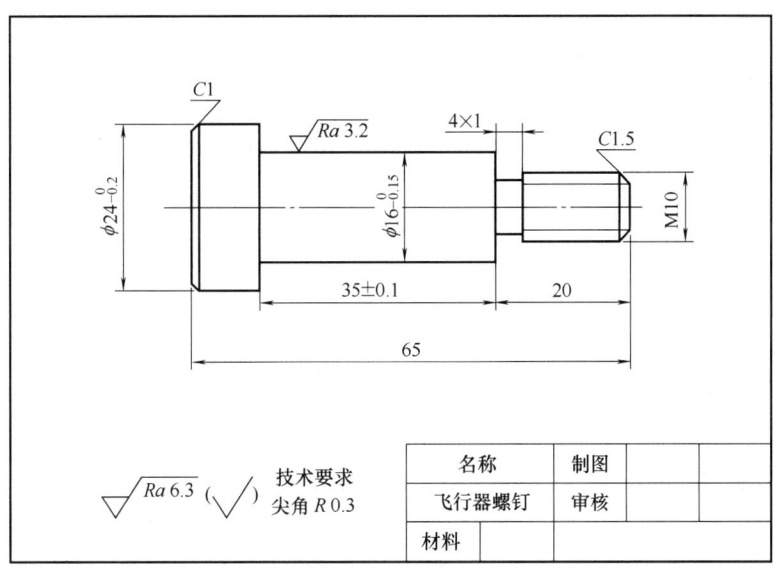

图 6-3 飞行器螺钉

表 6-4 飞行器螺钉加工评分标准表

序号	考核项目	配分	考试标准	扣分	得分
1	65±0.3	10	超差 0.1mm 扣 5 分,扣完为止		
2	35±0.15	10	超差 0.1mm 扣 5 分,扣完为止		
3	20±0.2	10	超差 0.1mm 扣 5 分,扣完为止		
4	4×1	10	超差 0.1mm 扣 5 分,扣完为止		
5	$\phi 24_{-0.2}^{0}$	20	超差 0.1mm 扣 5 分,扣完为止		
6	$\phi 16_{-0.15}^{0}$	20	超差 0.1mm 扣 5 分,扣完为止		
7	M10	5	超差 0.1mm 扣 5 分,扣完为止		
8	倒角及尖角 R0.3	5	每处 5 分,超差无分		
9	表面粗糙度	10	每降一级扣 5 分		

表 6-5　普通零件车床加工飞行器螺钉工艺过程卡

零件名称		飞行器螺钉		材料名称		棒料		
设备型号及编号		CA6140A		材料牌号		Q235		
夹具名称		三爪卡盘		毛坯尺寸		$\phi25mm\times400mm$		
工步序号	工步内容		工艺装备		主轴转速/(r/min)	进给速度/(mm/r)	操作者	检验
			刀具	量具				
1	夹持毛坯伸出约85mm,校正,夹紧			钢直尺				
2	车右端面,车平即可		90°外圆刀		450	0.1		
3	粗车 $\phi24_{-0.2}^{0}$ 到尺寸,粗车 $\phi16_{-0.15}^{0}$ 到 $\phi16.5\times54.5$,粗车 M10 外圆至 $\phi10.5\times19.5$		90°外圆刀	游标卡尺	450	0.15		
4	半精车 $\phi16_{-0.15}^{0}\times(35\pm0.15)$ 到图纸要求,精车 M10 至 $\phi9.85$,倒角去毛刺		90°外圆刀	游标卡尺	500	0.1		
5	用切断刀切 4×1,半精车 $\phi16_{-0.15}^{0}\times(35\pm0.15)$ 到图纸要求		90°外圆刀	游标卡尺	450	0.1		
6	用切断刀按总长度65.5mm切断		切断刀	游标卡尺	630			
7	工件掉头,夹持 $\phi24_{-0.2}^{0}$ 外圆(铜皮保护),校正,夹紧							
8	车端面,车准总长 $(65\pm0.03)mm$,倒角 $C1$,去毛刺		90°外圆刀	游标卡尺	450	0.1		
9	交检,评分							

6.7　飞行器螺钉工作实施流程及操作要求

① 夹持毛坯伸出约85mm,校正,夹紧。

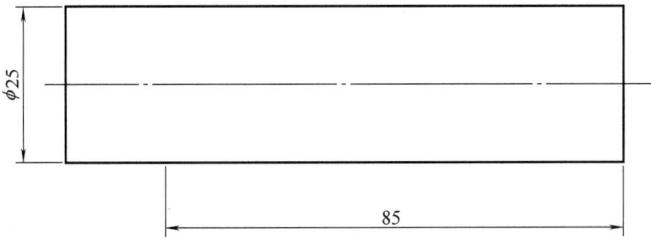

② 车右端面,车平即可。

③ 按图 6-2 粗车 $\phi24_{-0.2}^{0}$ 到尺寸，粗车 $\phi16_{-0.15}^{0}$ 到 $\phi16.5\times54.5$，粗车 M10 外圆至 $\phi10.5\times19.5$。

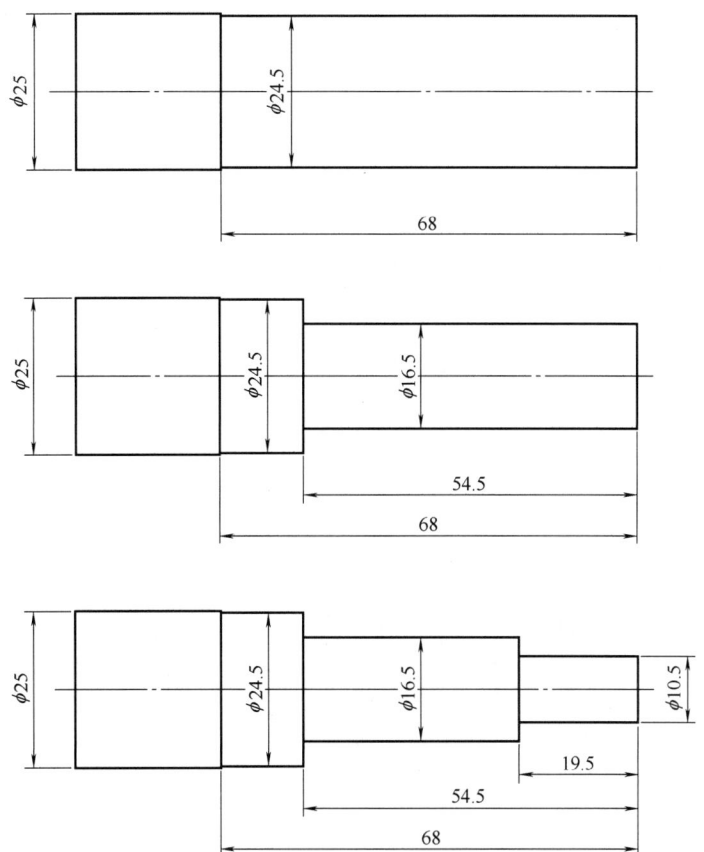

④ 半精车 $\phi16_{-0.15}^{0}\times(35\pm0.15)$ 到图纸要求，精车 M10 至 $\phi9.85$，倒角去毛刺。

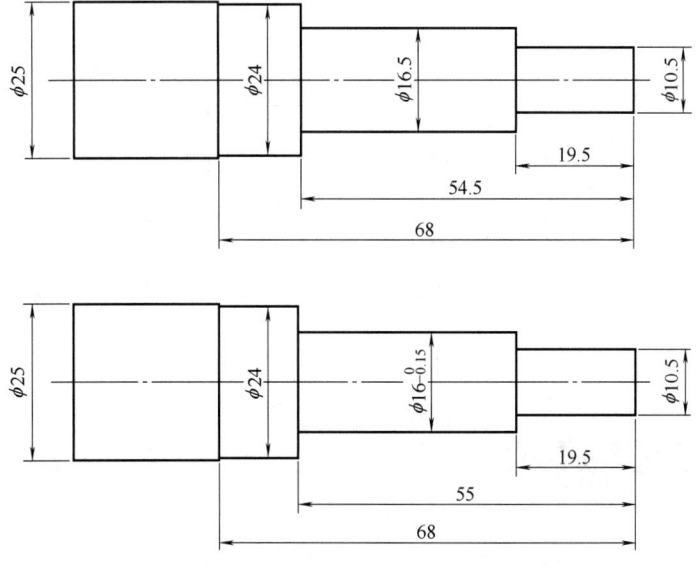

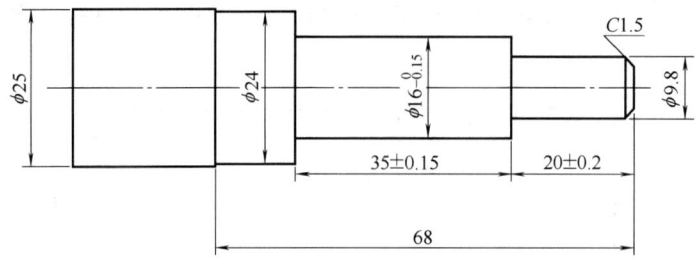

⑤ 用切断刀切槽 4×1，半精车 $\phi16_{-0.15}^{0} \times (35\pm0.15)$，车螺纹 M10 到图纸要求。

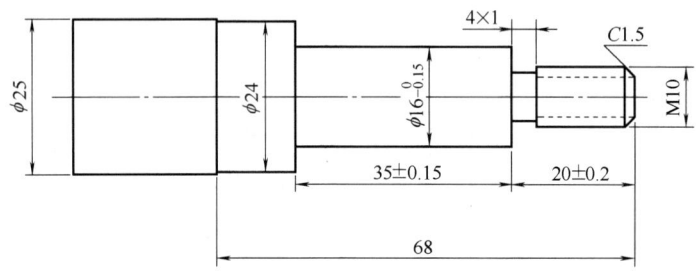

⑥ 用切断刀按总长度 65.5mm 切断。

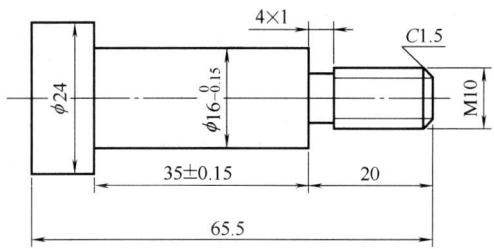

⑦ 工件掉头，夹持 $\phi24_{-0.2}^{0}$ 外圆（铜皮保护），校正，夹紧。
⑧ 车端面，车准总长（65±0.03）mm，倒角 C1，去毛刺。

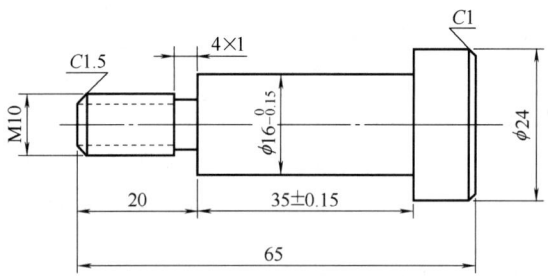

⑨ 交检，评分。

6.8 安全注意事项

（1）粗车和半精车要注意变换转速，选择合适的切削用量。

(2) 偏转小滑板车削圆锥时要注意小滑板不要露出燕尾导轨以免转到卡盘。
(3) 准确控制圆锥长度，使用"平行四边形"原理车削。
(4) 钻孔时注意使用尾座套筒控制钻孔深度。

6.9　考核与评价

作为一门专业实践课，职业素养、操作规范和劳动教育是贯穿整个课程的过程性考核，具体评价项目及标准见表6-6。

表6-6　　　　　　　　　　职业素养考核评价标准

考核项目	考核内容	配分	扣分	得分
实训纪律	服从安排，场地清扫等。违反一项扣5分	10		
安全生产	安全着装，按规程操作等。违反一项扣5分	10		
职业规范	机床预热，按照标准进行设备点检。违反一项扣5分	10		
文明生产	工具、量具、刀具定制摆放、工作台面的整洁等。违反一项扣5分	10		
清洁、清扫	清理机床内部的铁屑，确保机床表面各位置的整洁，清扫机床周围的卫生，做好设备的保养。违反一项扣5分	20		
整理、整顿	工具、量具的整理与定制管理。违反一项扣5分	20		
职业素养	严格执行设备的日常点检工作。违反一项扣5分	20		
合计		100		

6.10　总结与提升

6.10.1　项目实施情况分析

项目完成后，根据项目实施情况，分析存在的问题及原因，并填写表6-7。指导老师对项目实施情况进行讲评。

表6-7　　　　　　　　　　销类零件加工实施情况分析表

项目实施过程	存在的问题	解决的办法
钻孔		
定位销车削加工		

续表

项目实施过程	存在的问题	解决的办法
飞行器螺钉车削加工		
现场 6S 管理		

6.10.2　总结

本项目依托定位销与飞行器螺钉开展车削加工训练,始终坚守安全优先、参数科学、精度保障及标准化操作原则。

安全是重中之重。操作前,操作人员务必仔细检查设备状况,确认卡盘紧固无松动,导轨润滑良好,同时规范佩戴防护装备,为操作筑牢安全防线。在圆锥车削时,严格控制小滑板伸出长度,杜绝因伸出过长与卡盘碰撞,全力避免机械干涉和人身伤害事故发生。

参数科学化要求依据材料特性和设备性能动态优化加工参数。例如粗车阶段,采用低转速搭配大进给量,快速去除大量余量;半精车则适当提高转速,减小进给量,兼顾加工效率与表面质量,为后续精车奠定良好基础。

精度保障方面,借助几何原理,如运用"平行四边形"法精心规划刀具轨迹,精准把控圆锥长度。同时,配合卡尺、千分尺等量具对关键尺寸进行全面检测,确保尺寸精度。钻孔时,利用尾座套筒刻度,精确控制钻孔深度,使其严格符合加工要求。

标准化操作贯穿始终,操作人员必须严格依照工艺流程,不得擅自更改工艺卡片参数。从依据工件材质合理选择硬质合金车刀并正确安装,到台阶轴装夹校正严格按规范执行,每一步都严谨操作,减少人为误差。通过系统化把控这些要点,能切实有效提高加工效率与产品质量,降低生产成本,提升整体加工效益。

项目 7 轴类零件加工

7.1 学习目标及任务描述

7.1.1 知识目标

(1) 掌握硬质合金车刀的使用;
(2) 掌握各台阶外圆的车削方法;
(3) 掌握车床上切直槽的方法;
(4) 掌握车床上钻中心孔方法。

7.1.2 技能目标

(1) 能够正确使用硬质合金车刀;
(2) 能够车削各段台阶轴,并保证尺寸;
(3) 能够使用切断刀切槽;
(4) 能够用中心钻钻中心孔。

7.1.3 素质目标

(1) 具备严谨、细心、全面、追求高效、精益求精的职业素质;
(2) 养成认真、求知、实事求是的学风;
(3) 遵循安全文明生产规程、逐步形成规范操作的基本职业素养;
(4) 具备沟通协调能力、团队合作精神,以及较强的敬业精神。

7.2 任务描叙

轴类零件通常是指长径比较大,且为圆柱或圆锥形表面形状,用于传递扭矩和支撑旋转的部件。主要有直轴、曲轴、锥轴、花键轴、螺杆轴等类型,轴类零件要求加工精度高、加工难度大,学生应掌握轴类零件切削加工的基本技能。

7.2.1 工作任务卡

本任务中主要练习台阶轴和飞行器上接头轴的切削加工,如表7-1所示为轴类零件加工任务卡。

表 7-1 工作任务卡

编号	7	任务名称	轴类零件加工
设备型号	CA6140A	工作区域	机加实训中心——车削教学区
版本	V1	建议学时	20学时
1. 金工实训工作守则			

(1)坚持安全、文明生产规范,严格遵守车间制度和劳动纪律
(2)着装规范(工作服、劳保鞋),不携带与生产无关的物品进入车间
(3)实训现场工具、量具和刀具等相关物料的定制化管理
(4)严禁徒手清理铁屑,气枪严禁指向人
(5)培养学生勤学好问、勤于思考、规范操作、严谨工作的求学态度

2. 工具

类别	名称	规格型号/mm	单位	数量
工具	卡盘扳手	10	把	1
	刀架扳手	10	把	1
	加力杆	250	把	1
	内六角扳手	1.5~10.0	套	1
	活动扳手	300	把	1
	垫片	0.2~2.0	片	若干
	铁屑钩	300	把	1
	卫生清洁工具		套	1
量具	钢直尺	0~300	把	1
	游标卡尺	0~150	把	1
刀具	90°外圆车刀	16×16×150	把	1
	切断刀	4×16×150	把	1
耗材	棒料	Q235	根	按图样

3. 工作任务

(1)独立操作 CA6140A 车床完成台阶轴车削,加工如下图所示零件,毛坯为 φ36×116 的棒料,材料为 Q235

续表

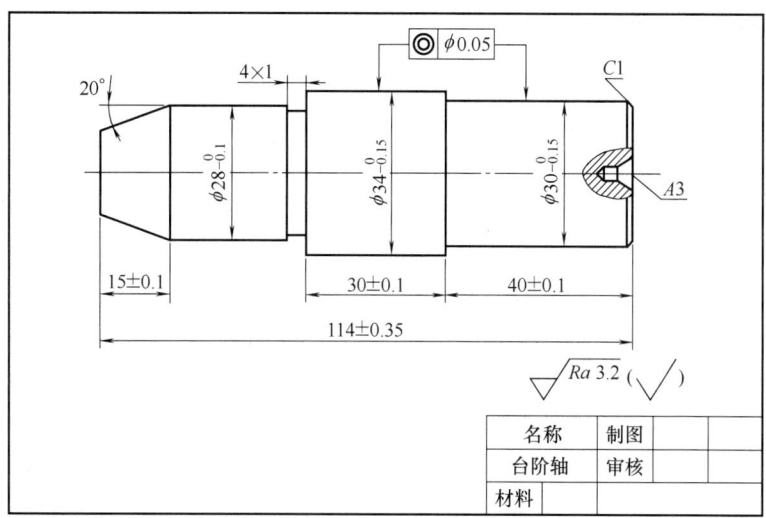

（2）独立操作 CA6140A 车床完成飞行器接头车削，加工如下图所示零件，毛坯为 φ25×400 的棒料，材料为 Q235

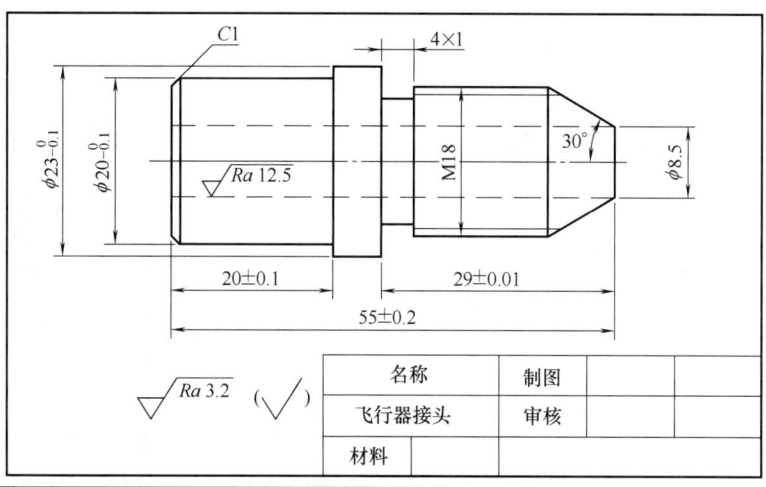

4. 工作准备

（1）技术资料：工作任务卡 1 份
（2）工作场地：有良好的照明、通风和消防设施等条件
（3）工具：按"工具"栏目准备相关工具
（4）建议分组实施教学。每 2 人为一组，每组配备一台车床。通过分组讨论操作训练
（5）劳动防护：穿戴劳保用品、工作服

7.2.2 引导问题

（1）如何车削台阶？
（2）中心钻如何选择？中心孔如何加工？
（3）如何使用切槽刀加工槽？

7.3 知识链接

• 钻中心孔

工件需支撑、定位进行加工时,要在工件的端面(一端或两端)钻出中心孔。

(1) 中心孔的形状及用途

A 型:由 60°圆锥孔和圆柱孔两部分组成,用于一次性使用的场合。

B 型:在 A 型中心孔的端部另加 120°圆锥孔,用于多工种、多次加工的零件使用。

C 型:前面是 120°、60°中心孔,接着有一短圆柱孔,后面有一螺纹孔,用于把其他零件轴向固定在轴上时采用。

(2) 中心钻的钻削要点

① 车平端面,不能留有凸台。

② 主轴转速应选择高些,一般选约 1000r/min。

③ 进给量小而均匀,防止中心钻折断。

④ 充分冷却,顺利排屑。

⑤ 中心孔的尺寸大小可根据工件重量或直径确定。

⑥ 中心孔的质量要求圆整、光洁、角度正确。

钻中心孔

7.4 工作计划一:台阶轴车削加工

通过学习掌握车削台阶轴,保证零件尺寸加工方法,掌握在车床上车削台阶轴的方法。掌握工艺卡片的编写。

按照图纸要求完成零件,零件如图 7-1 所示,评分标准如表 7-2 所示,工艺过程如表 7-3 所示。

台阶轴车削加工

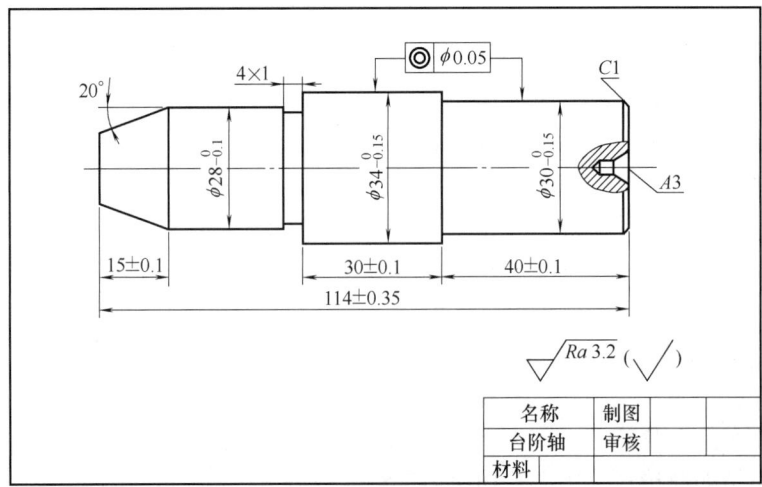

图 7-1 台阶轴

项目 7　轴类零件加工

表 7-2　　　　　　　　　　　　台阶轴加工评分标准表

序号	考核项目	配分	考试标准	扣分	得分
1	$\phi 30_{-0.15}^{0}$	15	超差 0.1mm 扣 5 分,扣完为止		
2	$\phi 34_{-0.15}^{0}$	15	超差 0.1mm 扣 5 分,扣完为止		
3	$\phi 28_{-0.1}^{0}$	10	超差 0.1mm 扣 5 分,扣完为止		
4	114±0.35	10	超差 0.1mm 扣 5 分,扣完为止		
5	40±0.1	8	超差 0.1mm 扣 5 分,扣完为止		
6	30±0.1	8	超差 0.1mm 扣 5 分,扣完为止		
7	锥度 20°、15±0.1	9	超差 0.1mm 扣 5 分,扣完为止		
8	槽 4×1	5	超差无分		
9	中心孔 A3	5	每处 5 分		
10	倒角及去毛刺	5	每处 5 分		
11	表面粗糙度 Ra3.2	10	每处 5 分		

表 7-3　　　　　　　　　　　　普通零件车床加工工艺过程卡

零件名称	台阶轴		材料名称		棒料		
设备型号及编号	CA6140A		材料牌号		Q235		
夹具名称	三爪卡盘		毛坯尺寸		$\phi 36\text{mm} \times 116\text{mm}$		
工步序号	工步内容	工艺装备		主轴转速/(r/min)	进给速度/(mm/r)	操作者	检验
		工具	量具				
1	夹持毛坯材料伸出长度 85mm,校正,夹紧	三爪卡盘	钢直尺				
2	车右端面,车平即可	90°外圆车刀		355	0.1		
3	车 $\phi 34_{-0.15}^{0}$ 外圆,长度约 75mm,其余达图纸要求	90°外圆车刀	游标卡尺	500	0.1		
4	车 $\phi 30_{-0.15}^{0}$ 外圆,控制长度 40mm,其余达图纸要求	90°外圆车刀	游标卡尺	500	0.1		
5	刀架转 45°倒角 1×45°,去毛刺可用细砂纸	180 目细砂纸		280			
6	用 A3 中心钻钻中心孔	中心钻钻头		1000			
7	工件卸下,掉头安装夹持 $\phi 30_{-0.15}^{0}$ 外圆(铜皮保护),校正(顶校法),夹紧	三爪卡盘		355			
8	车右端面,控制总长(114±0.35)mm	90°外圆刀	游标卡尺	355	0.1		
9	车 $\phi 28_{-0.1}^{0}$mm 外圆,控制长度约 43mm,其余达图纸要求	硬质合金车刀	游标卡尺	500	0.1		
10	用切断刀切 4×1 槽,并控制 $\phi 34_{-0.15}^{0}$ 长度 30mm	切断刀	游标卡尺	280			
11	逆时针转动小滑板 20°,车外圆锥控制长度 15mm	硬质合金车刀	游标卡尺	500			
12	尖角去毛刺,交检						

7.5　台阶轴工作实施流程及操作要求

① 夹持毛坯材料伸出长度 85mm，校正，夹紧。

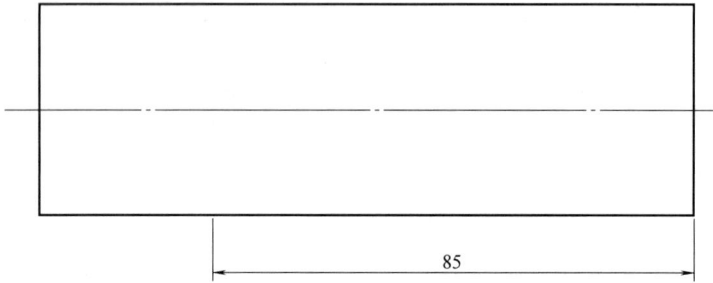

② 车右端面，车平即可。

③ 车 $\phi 34_{-0.15}^{0}$ 外圆，长度约 75mm，其余达图纸要求。

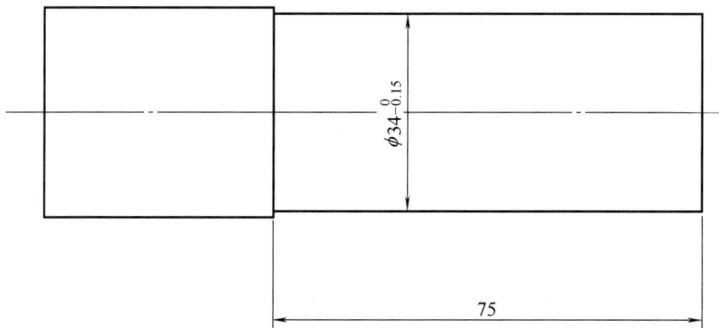

④ 车 $\phi 30_{-0.15}^{0}$ 外圆，控制长度 40mm，其余达图纸要求。

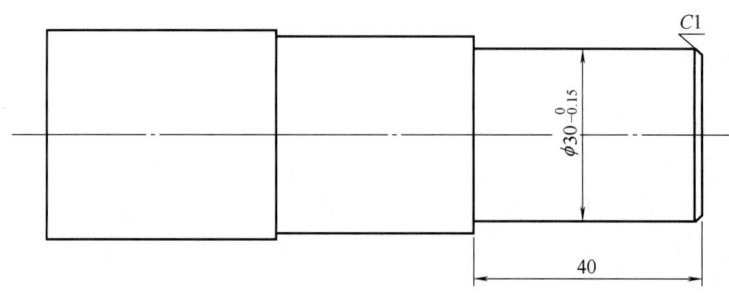

⑤ 倒角 1×45°，尖角挫圆 Ra0.3。

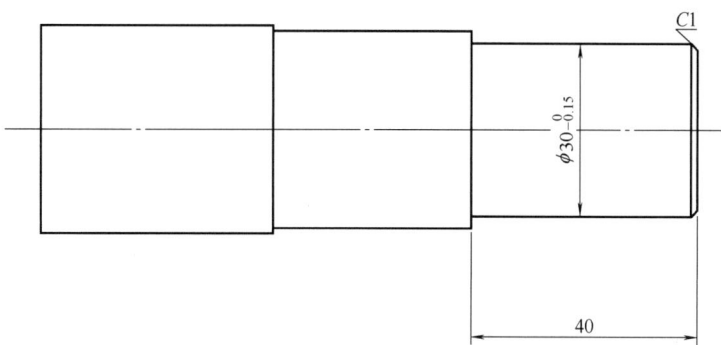

⑥ 用 A3 中心钻钻中心孔。

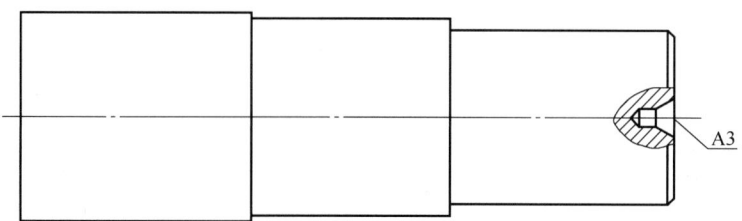

⑦ 工件卸下，掉头安装夹持 $\phi30_{-0.15}^{0}$ 外圆（铜皮保护），校正（顶校法），夹紧。

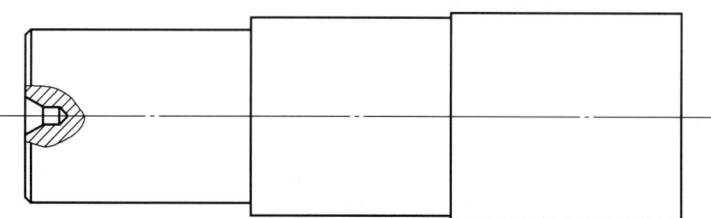

⑧ 车右端面，控制总长（114±0.35）mm。

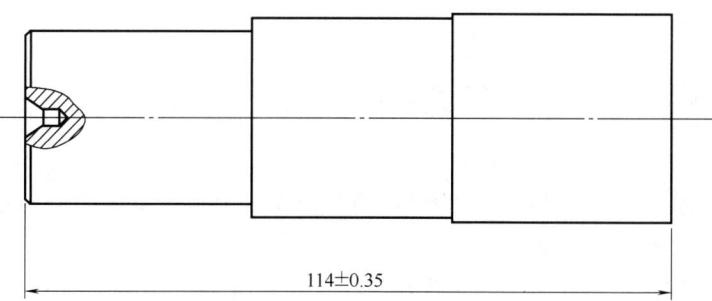

⑨ 车 $\phi 28_{-0.1}^{0}$ 外圆，控制长度约 43mm，其余达图纸要求。

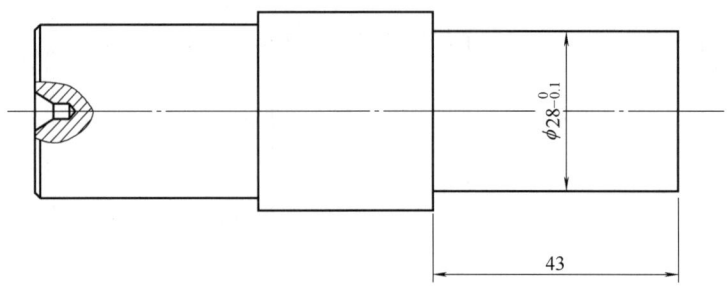

⑩ 用切断刀切 4×1 槽，并控制 $\phi 34_{-0.15}^{0}$ 长度 30mm。

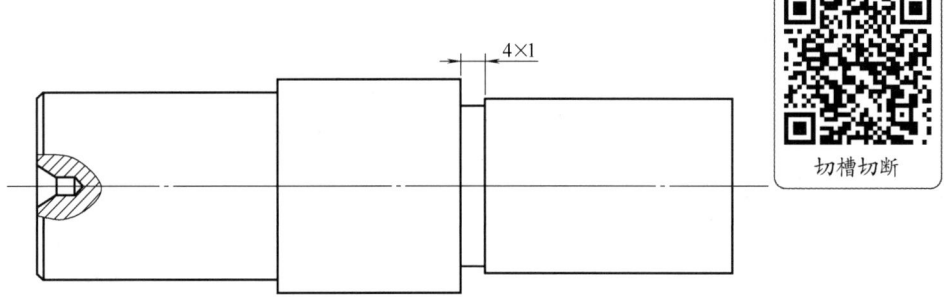

切槽切断

⑪ 逆时针转动小滑板 20°，车外圆锥控制长度 15mm。

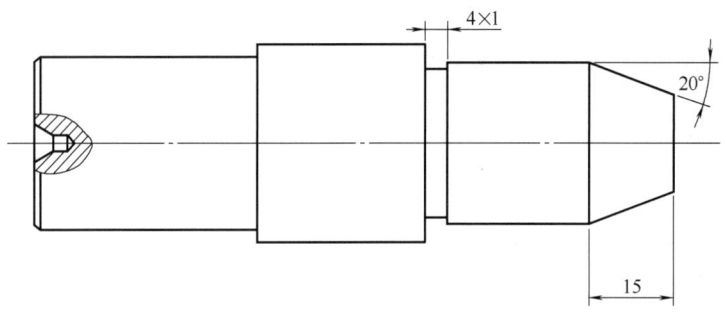

⑫ 尖角去毛刺，交检。

7.6 工作计划二：飞行器接头车削加工

通过学习掌握车削飞行器接头，保证零件尺寸加工方法，掌握在车床上车削飞行器接头的方法。掌握工艺卡片的编写。

按照图纸要求完成零件，零件如图 7-2 所示，评分标准如表 7-4 所示，加工工艺过程卡如表 7-5 所示。

项目7 轴类零件加工

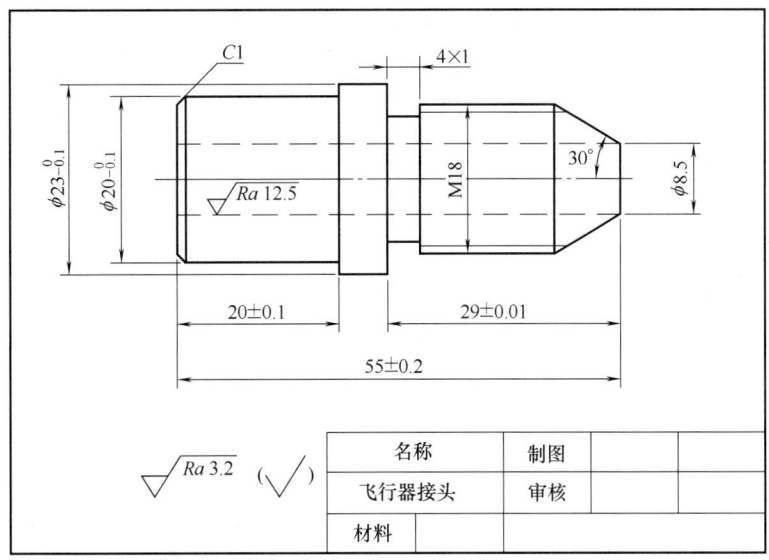

图7-2 飞行器接头

表7-4 飞行器接头加工评分标准表

序号	考核项目	配分	考试标准	扣分	得分
1	55±0.2	10	超差0.1mm扣2分,扣完为止		
2	20±0.1	10	超差0.1mm扣2分,扣完为止		
3	29±0.01	10	超差0.1mm扣2分,扣完为止		
4	M18	5	超差0.1mm扣2分,扣完为止		
5	$\phi23_{-0.1}^{0}$	15	超差0.1mm扣2分,扣完为止		
6	$\phi20_{-0.1}^{0}$	15	超差0.1mm扣2分,扣完为止		
7	锥度60°	5	超差0.1mm扣2分,扣完为止		
8	$\phi8.5$	5	超差0.1mm扣2分,扣完为止		
9	4×1	5	超差0.1mm扣2分,扣完为止		
10	倒角及去毛刺	10	每处5分,超差无分		
11	表面粗糙度	10	每降一级扣2分		

表7-5 普通零件车床加工工艺过程卡

零件名称	飞行器接头		材料名称		棒料		
设备型号及编号	CA6140A		材料牌号		Q235		
夹具名称	三爪卡盘		毛坯尺寸		$\phi25mm×400mm$		
工步号	工步内容	工艺装备		主轴转速/(r/min)	进给速度/(mm/r)	操作者	检验
		工具	量具				
1	夹持毛坯伸出约75mm,校正,夹紧	三爪卡盘	钢直尺				
2	使用$\phi8.5$麻花钻钻深度为56mm的孔	90°外圆刀		450	0.1		

续表

工步号	工步内容	工艺装备 刀具	工艺装备 量具	主轴转速/(r/min)	进给速度/(mm/r)	操作者	检验
3	车右端面,车平即可	90°外圆刀	游标卡尺	450	0.15		
4	粗车 $\phi23_{-0.1}^{0}$ 到 $\phi23.5\times58$,半精车 $\phi23_{-0.1}^{0}\times58$ 外圆至图纸要求	90°外圆刀	游标卡尺	500	0.1		
5	粗车 $\phi20_{-0.1}^{0}$ 至 $\phi20.5\times19.5$,半精车 $\phi20_{-0.1}^{0}\times(20\pm0.1)$ 到图纸要求,倒角 C1,去毛刺	90°外圆刀	游标卡尺	450	0.1		
6	用切断刀按总长度 55.5mm 切断	切断刀	游标卡尺	630			
7	工件掉头,夹持 $\phi21_{-0.2}^{0}$ 外圆(铜皮保护),校正,夹紧	三爪卡盘					
8	车端面,车准总长(55 ± 0.3)mm	90°外圆刀	游标卡尺	450	0.1		
9	车 M18 外圆到尺寸至 $\phi17.8\times28$	90°外圆刀	游标卡尺	450	0.1		
10	用切断刀切 4×1 到图纸要求	90°外圆刀	游标卡尺	450	0.1		
11	逆时针转动小滑板 30°,摇动小滑板手柄车外圆锥,控制锥度长 10mm,去毛刺	90°外圆刀、180目砂纸(砂纸固定在木板上)	游标卡尺	450	0.1		
12	车 M18 螺纹,去毛刺	内螺纹车刀、180目砂纸					
13	钻孔 $\phi8\times15$,孔口去毛刺	麻花钻、180目砂纸	游标卡尺	630			
14	交检,评分						

7.7 飞行器接头工作实施流程及操作要求

① 夹持毛坯伸出约 75mm,校正,夹紧。

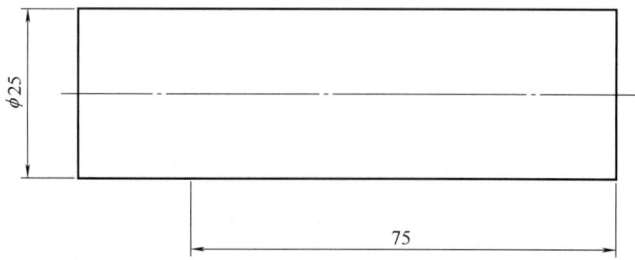

② 使用 $\phi8.5$ 麻花钻钻深度为 56mm 的孔。

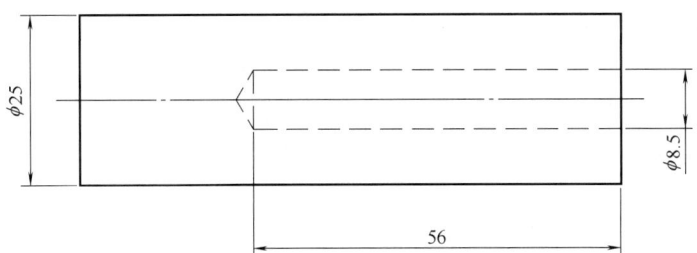

③ 车右端面，车平即可。

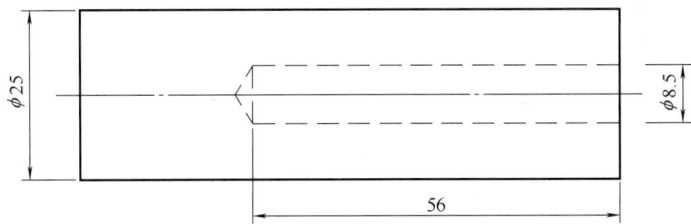

④ 粗车 $\phi23_{-0.1}^{0}$ 到 $\phi23.5\times58$，半精车 $\phi23_{-0.1}^{0}\times58$ 外圆至图纸要求。

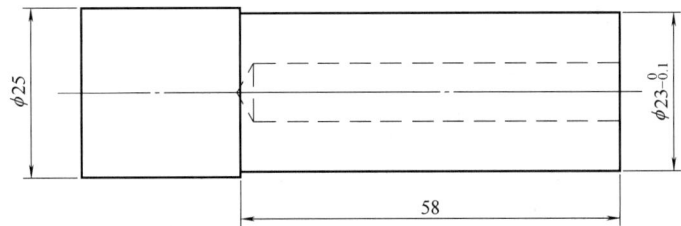

⑤ 粗车 $\phi20_{-0.1}^{0}\sim\phi20.5\times19.5$，半精车 $\phi20_{-0.1}^{0}\times(20\pm0.1)$ 到图纸要求，倒角 $C1$，去毛刺。

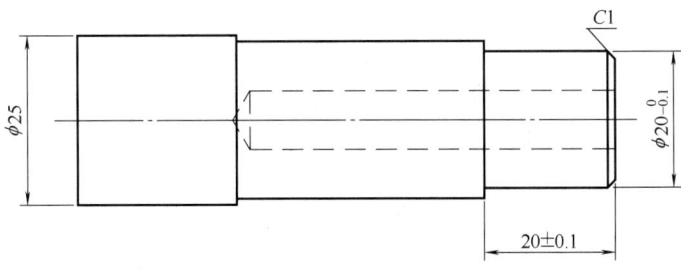

⑥ 用切断刀按总长度 55.5mm 切断。

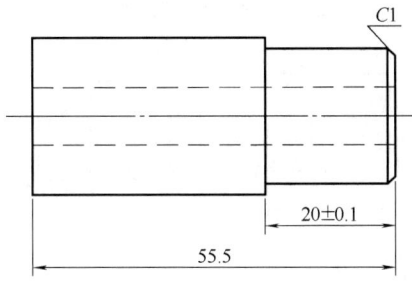

⑦ 工件掉头，夹持 $\phi 20_{-0.1}^{0}$ 外圆（铜皮保护），校正，夹紧。

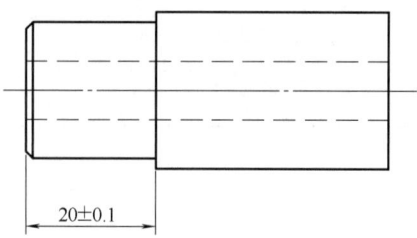

⑧ 车端面，车准总长（55±0.2）mm。

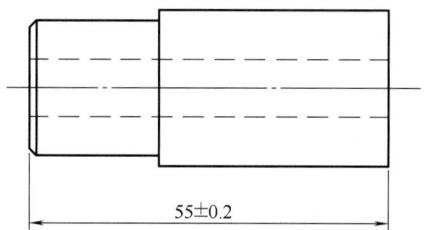

⑨ 车 M18 外圆到尺寸至 ϕ17.8×28。

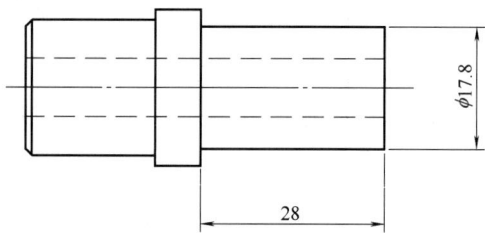

⑩ 用切断刀切 4×1 到图纸要求。

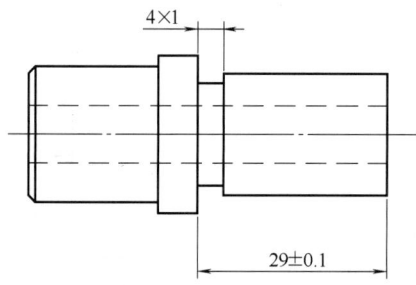

⑪ 逆时针转动小滑板 30°，摇动小滑板手柄车外圆锥，控制锥度长 10mm，去毛刺。

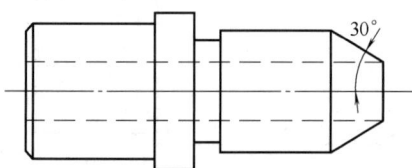

⑫ 套 M18 螺纹，去毛刺。

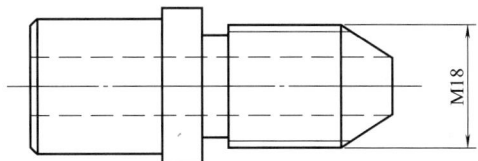

⑬ 钻孔 φ8×15,孔口去毛刺。

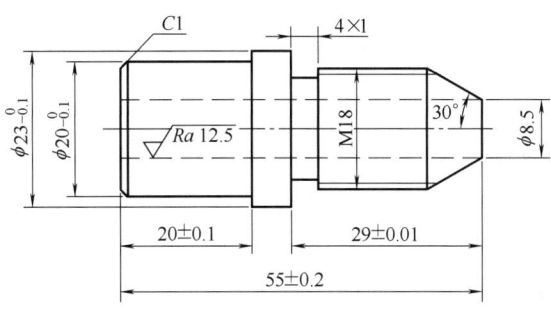

⑭ 交检,评分。

7.8 安全注意事项

(1) 使用硬质合金车刀加工时要注意正确的使用方法和注意事项,避免损坏车刀。
(2) 自动进给时车削至终止线时要及时关闭自动进给,严禁出现大滑板撞上卡盘造成机床损坏或人员伤亡事故。
(3) 中心钻加工中心孔时,只需要切削至中心钻60°圆锥面的一半,否则进给量过多会报废中心孔。
(4) 台阶轴右端车完后,掉头装夹,使用铝块顶校外圆进行校正,顶正工件后保持中滑板不动,夹紧零件后才能松开中滑板。

7.9 考核与评价

作为一门专业实践课,职业素养、操作规范和劳动教育是贯穿整个课程的过程性考核,具体评价项目及标准如表7-6所示。

表7-6　　　　　　　　　　职业素养考核评价标准

考核项目	考核内容	配分	扣分	得分
实训纪律	服从安排,场地清扫等。违反一项扣5分	10		
安全生产	安全着装,按规程操作等。违反一项扣5分	10		
职业规范	机床预热,按照标准进行设备点检。违反一项扣5分	10		
文明生产	工具、量具、刀具定制摆放、工作台面的整洁等。违反一项扣5分	10		

续表

考核项目	考核内容	配分	扣分	得分
清洁、清扫	清理机床内部的铁屑,确保机床表面各位置的整洁,清扫机床周围的卫生,做好设备的保养。违反一项扣5分	20		
整理、整顿	工具、量具的整理与定制管理。违反一项扣5分	20		
职业素养	严格执行设备的日常点检工作。违反一项扣5分	20		
合　计		100		

7.10　总结与提升

7.10.1　项目实施情况分析

项目完成后,根据项目实施情况,分析存在的问题及原因,并填写表7-7。指导老师对项目实施情况进行讲评。

表7-7　　　　　　　　　轴类零件加工实施情况分析表

项目实施过程	存在的问题	解决的办法
钻中心孔		
台阶轴车削加工		
飞行器接头车削加工		
现场6S管理		

7.10.2　总结

中心钻加工中心孔对后续加工定位精准度影响深远。操作时,要严控进给量,切削至中心钻60°圆锥面一半深度即可。可借助钻床上的深度控制装置精确限定进给深度,若进给量过大,中心孔会出现孔径过大、锥面不完整等问题,严重影响顶尖定位,降低零件精度,甚至使零件报废。

台阶轴装夹校正环节，当台阶轴右端车完掉头装夹，采用铝块顶校外圆，校正，铝块质地软，能避免损伤工件外圆。校正时配合百分表精确调整位置，顶正工件后固定中滑板，待卡盘夹紧零件并再次检测无误，方可松开中滑板，以此确保台阶轴的尺寸精度和形位公差达标。

项目 8　套类零件加工

8.1　学习目标及任务描述

8.1.1　知识目标

（1）掌握车床上钻孔、扩孔的方法；
（2）掌握车床上车内圆的方法；
（3）掌握顶校法校正的方法。

8.1.2　技能目标

（1）能够正确使用麻花头钻孔、扩孔；
（2）能够使用内圆车刀车内圆并控制内圆径及长度尺寸；
（3）能够使用铝块顶校法校正工件。

8.1.3　素质目标

（1）具备严谨、细心、全面、追求高效、精益求精的职业素质；
（2）养成认真、求知、实事求是的学风；
（3）遵循安全文明生产规程、逐步形成规范操作的基本职业素养；
（4）具备沟通协调能力、团队合作精神，以及较强的敬业精神。

8.2　任务描叙

套类零件在机械传动中主要用在支承、导向、连接和固定不同部件上，因此对其有一定的精度要求。

8.2.1　工作任务卡

本任务选择有内外台阶和精度要求的"过渡套"为例，如表 8-1 所示为套类零件加工任务卡。

表 8-1　　　　　　　　　　　　　　　工作任务卡

编号	8	任务名称	套类零件加工
设备型号	CA6140A	工作区域	机加实训中心——车削教学区
版本	V1	建议学时	12 学时

1. 金工实训工作守则

(1) 坚持安全、文明生产规范,严格遵守车间制度和劳动纪律
(2) 着装规范(工作服、劳保鞋),不携带与生产无关的物品进入车间
(3) 实训现场工具、量具和刀具等相关物料的定制化管理
(4) 严禁徒手清理铁屑,气枪严禁指向人

2. 工具

类别	名称	规格型号	单位	数量
工具	卡盘扳手	3410	把	1
	刀架扳手	10	把	1
	加力杆	250	把	1
	内六角扳手	1.5~10.0	套	1
	活动扳手	300	把	1
	垫片	0.2~2.0	片	若干
	铁屑钩	300	把	1
	卫生清洁工具	—	套	1
量具	钢直尺	0~300	把	1
	游标卡尺	0~150	把	1
刀具	90°外圆车刀	16×16×150	把	1
	切断刀	4×16×150	把	1
耗材	棒料	Q235	根	按图样

3. 工作任务

独立操作 CA6140A 车床完成过渡套车削,加工如下图所示零件,毛坯为 $\phi50\times40$ 的棒料,材料为 Q235。

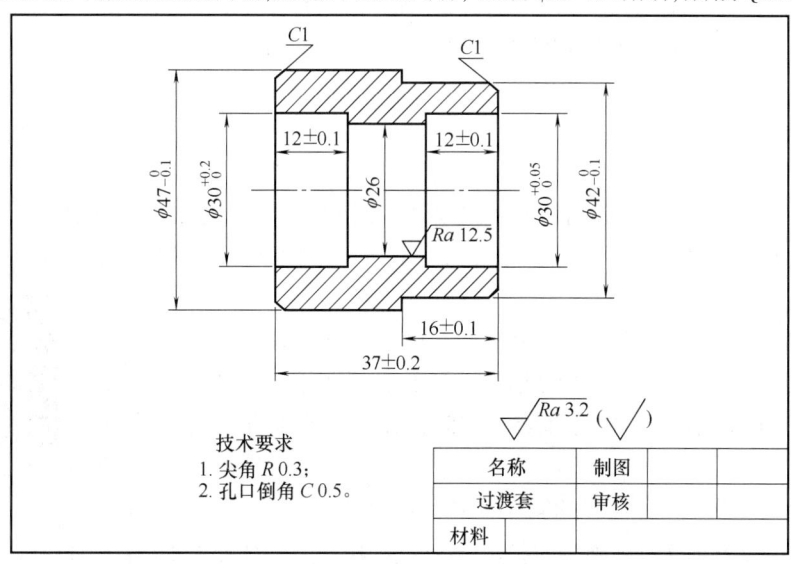

技术要求
1. 尖角 $R\,0.3$;
2. 孔口倒角 $C\,0.5$。

续表

4. 工作准备
（1）技术资料:工作任务卡1份 （2）工作场地:有良好的照明、通风和消防设施等条件 （3）工具:按"工具"栏目准备相关工具 （4）建议分组实施教学,每2人为一组,每组配备一台车床,通过分组讨论操作训练 （5）劳动防护:穿戴劳保用品、工作服

8.2.2 引导问题

（1）如何加工套类零件？
（2）车孔刀如何正确安装？有什么注意事项？
（3）车孔时如何控制尺寸及表面？
（4）精密孔如何使用通止规检测？

8.3 知识链接

8.3.1 扩孔

（1）扩孔　在零件已有小孔上,再次用钻头将孔径钻大的切削过程。扩孔一般可达到IT10,表面粗糙度可达到 $Ra6.3\sim3.2\mu m$ 。
（2）扩孔钻　采用专用扩孔钻（3~4条切削刃）和麻花钻（顶角选135°~140°）。扩孔时由于钻头横刃不参加工作,轴向力减小,走刀省力。但由于钻头外缘处前角大,容易使钻头产生"拉刀",钻头钻柄打滑。扩孔切削由于切削热集中在钻头外缘处易使钻头磨损,扩孔时的切削速度应比钻孔时低。

扩孔

8.3.2 车孔

① 车孔的含义。车孔是利用车孔刀对已经铸出、锻出或钻出的孔作进一步的加工（图8-1）。达到扩大孔径、提高尺寸精度、降低表面粗糙度和纠正孔的轴线偏斜的一种车削操作工艺。

车孔的精度：IT7~IT8,表面粗糙度：$Ra1.6\sim3.2\mu m$。

② 孔及车孔刀的分类。孔的分类：通孔,不通孔（台阶孔）；车孔刀的分类：通孔车刀（主偏角45°、75°、83°）,不通孔车刀（主偏角93°）。

车孔刀安装

③车孔刀的安装。车孔刀的安装注意事项如下：
a. 车孔刀安装时刀尖原则上对准工件回转中心,刀杆要装得与主轴轴线平行,防止

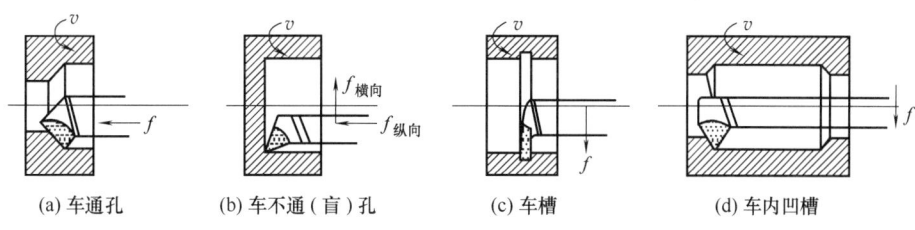

图 8-1 车孔

其余部分碍事,(刀杆和孔壁发生摩擦)车刀装好后应空走一趟,观察是否有刀杆和孔壁碰撞发生。如有异常,及时调整。

b. 根据孔径的大小和孔的深度来选择车刀(刀的大小、长度等,刀杆尽量粗,长度尽量短)。

c. 车孔时车孔刀的后面应磨成双重后面或圆弧面,防止与加工表面摩擦。

d. 刀杆的长度应该是工件的长度加 3~5mm 为宜。

④ 车孔的方法。车孔的方法与车外圆基本相同,但是进刀和退刀的方向是和车外圆相反的。深孔车削时排屑困难,冷却液不容易冷却到里面,也不利于观察和测量孔的精度,所以要把握以下几点:

a. 试切,控制内孔尺寸,试切以及微调。微调方法:将小托板偏转 11°30′(逆时针方向转动),用小托板进刀 0.05mm,相当于径向进刀 0.01mm,从而使进刀的精度等级提高,达到微调的目的。

车孔

b. 由于受到孔径的影响,车孔时选择切削用量时应当比车外圆时偏小。当产生锥度时,可以在原刻度空走一到两个行程。

c. 利用大小托板刻度盘或采用做记号的方法控制孔的深度尺寸。

8.3.3 内孔测量

(1) 光面塞规测量 光面塞规由通端、止端、柄组成。
通端的基本尺寸等于孔的最小极限尺寸;止端的基本尺寸等于孔的最大极限尺寸。

(2) 内径百分表测量 使用内径百分表测量孔径时,首先要用外径百分尺校表,然后在测量时做作径向摆动,以摆动后读数最小的值为标准值,可以多测量几个点。检查椭圆度。

(3) 孔测量注意事项 根据孔径的大小选择尺寸合适的测量头,用外径千分尺校好零位后才能使用。

8.4 工作计划:过渡套车削加工

通过学习掌握车削过渡套零件,保证零件尺寸加工方法,掌握在车床上车削过渡套零件的方法。掌握工艺卡片的编写。

按照图纸要求完成零件,零件如图 8-2 所示,评分标准如表 8-2 所示、工艺过程卡如表 8-3 所示。

过渡套车削加工

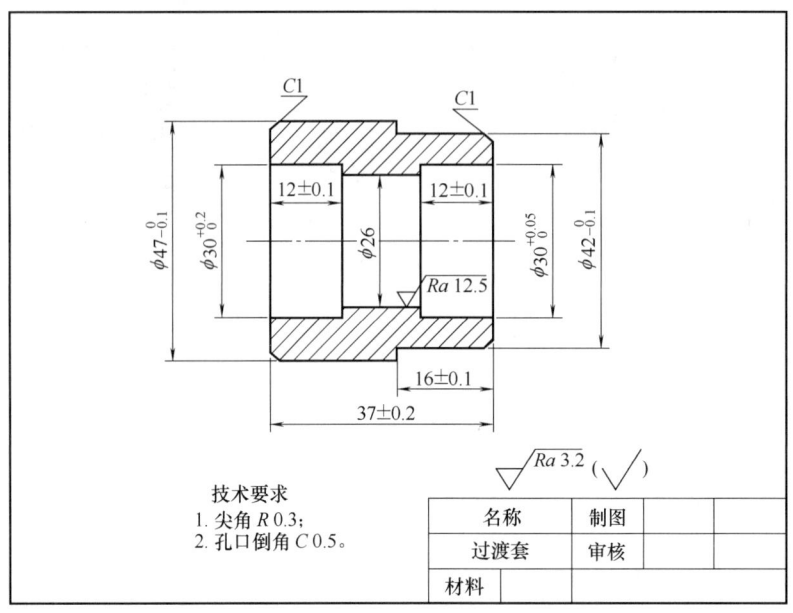

图 8-2 过渡套

表 8-2　　　　　　　　　过渡套加工评分标准表

序号	考核项目	配分	考试标准	扣分	得分
1	$\phi 47_{-0.1}^{0}$	10	超差 0.1mm 扣 5 分,扣完为止		
2	$\phi 42_{-0.1}^{0}$	10	超差 0.1mm 扣 5 分,扣完为止		
3	$\phi 30_{0}^{+0.2}$	10	超差 0.1mm 扣 5 分,扣完为止		
4	$\phi 30_{0}^{+0.05}$	20	超差 0.1mm 扣 5 分,扣完为止		
5	37±0.2	10	超差 0.1mm 扣 5 分,扣完为止		
6	16±0.1	10	超差 0.1mm 扣 5 分,扣完为止		
7	12±0.1	5	超差 0.1mm 扣 5 分,扣完为止		
8	12±0.1	5	超差 0.1mm 扣 5 分,扣完为止		
9	倒角、去毛刺	10	共 4 处,超差扣分		
10	表面粗糙度	10	两处各 5 分,降级无分		

表 8-3　　　　　　　　过渡套零件车床加工工艺过程卡

零件名称	过渡套		材料名称		棒料		
设备型号及编号	CA6140A		材料牌号		Q235		
夹具名称	三爪卡盘		毛坯尺寸		$\phi 50$mm×40mm		
工步号	工步内容	工艺装备		主轴转速/(r/min)	进给速度/(mm/r)	操作者	检验
		工具	量具				
1	夹持工件伸出长度 28mm,校正,夹紧	三爪卡盘	游标卡尺				

续表

工步号	工步内容	工艺装备 工具	工艺装备 量具	主轴转速/(r/min)	进给速度/(mm/r)	操作者	检验
2	用 φ20 的钻头钻通孔	φ20 麻花钻		355			
3	用 φ26 的钻头扩孔	φ26 麻花钻		220			
4	车左端面,车平即可	90°车刀		500	0.1		
5	车削 $\phi47_{-0.1}^{0}$ 外圆至图样要求,控制长约 25mm,倒角,去毛刺	90°车刀	游标卡尺	500	0.1		
6	用不通孔车刀粗车,半精车车内孔 $\phi30_{0}^{+0.2}$ 至图纸要求,控制孔深 (12 ± 0.1) mm,孔口倒角 $C0.5$,去毛刺	盲孔车孔刀	游标卡尺	280	0.08		
7	工件掉头,夹持 $\phi47_{-0.1}^{0}$ 外圆(铜皮保护)并用台阶面定位夹紧,车右端面,车平即可	90°车刀	游标卡尺	500	0.1		
8	松开工件,顶校法校正左端面(工件伸出约 22mm,夹紧)	三爪卡盘	游标卡尺	250			
9	车右端面,并保证总长 (37 ± 0.02) mm	90°车刀		500	0.15		
10	车削外圆 $\phi42_{-0.15}^{0}$ 至图纸要求,控制台阶长度 (16 ± 0.1) mm,倒角 $C1$	90°车刀	游标卡尺		0.15		
11	用不通孔车刀粗车,半精车车内孔 $\phi30_{0}^{+0.05}$ 至图纸要求,保证孔深 (12 ± 0.1) mm,表面 $Ra1.6\mu m$(用 φ30 圆柱塞规检验),孔口倒角 $C0.5$	盲孔车孔刀	圆柱塞规	280/50	0.05		
12	尖角等去毛刺,交检	带柄 180 目砂纸或锉刀		280			

8.5 工作实施流程及操作要求

① 夹持工件伸出长度 28mm,校正,夹紧。

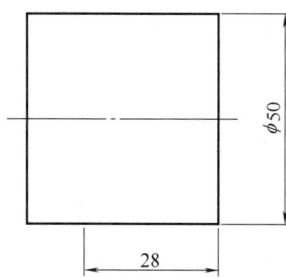

② 用 φ20 的钻头钻通孔。

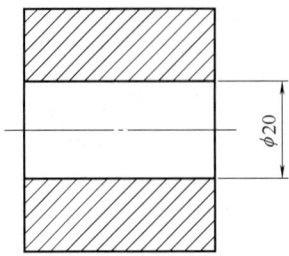

③ 用 $\phi26$ 的钻头扩孔。

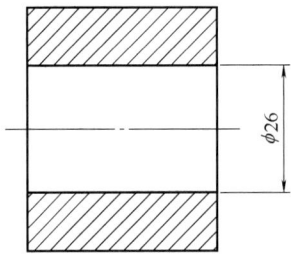

④ 车左端面，车平即可。

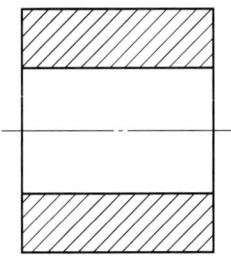

⑤ 车削 $\phi47_{-0.1}^{0}$ 外圆至图样要求，控制长约 25mm，倒角，去毛刺。

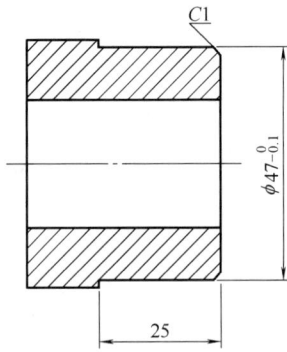

⑥ 用不通孔车刀粗车、半精车车内孔 $\phi30_{0}^{+0.2}$ 至图纸要求，控制孔深（12±0.1）mm，孔口倒角 $C0.5$，去毛刺。

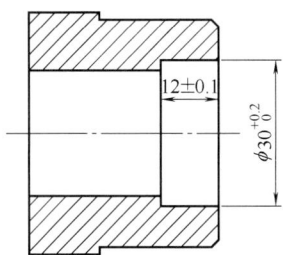

⑦ 工件掉头，夹持 $\phi 47_{-0.1}^{\ 0}$ 外圆（铜皮保护）并用台阶面定位夹紧，车右端面，车平即可。

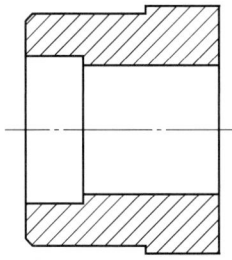

⑧ 松开工件，顶校法校正左端面（工件伸出约 22mm），夹紧。

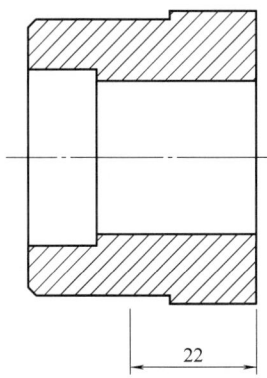

⑨ 车右端面，并保证总长（37±0.02）mm。

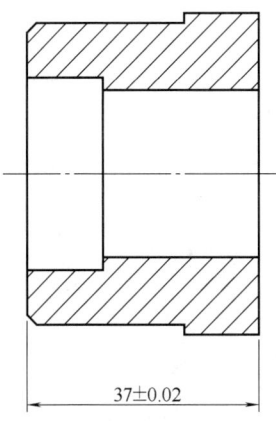

⑩ 工件调头，车削外圆 $\phi 42_{-0.15}^{\ 0}$ 至图纸要求，控制台阶长度（16±0.1）mm，倒角 C1。

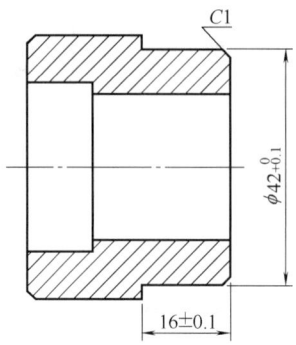

⑪ 用不通孔车刀粗车，半精车车内孔 $\phi 30_{\ 0}^{+0.05}$ 至图纸要求，保证孔深（12±0.1）mm，表面 Ra1.6μm（用 φ30 圆柱塞规检验），孔口倒角 C0.5。

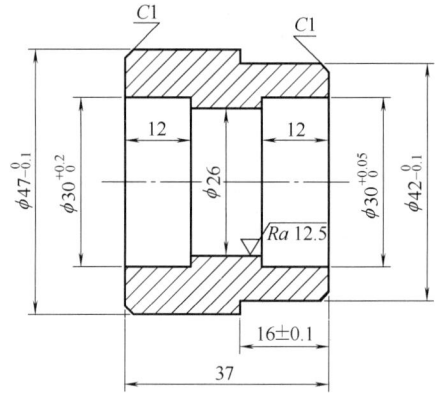

⑫ 尖角等去毛刺，交检。

8.6 安全注意事项

（1）过渡套毛坯件夹持长度很短，校正之后一定要确认是否使用卡盘扳手加紧，以免工件飞出。

（2）过渡套钻孔、扩孔时要选择合理的转速，避免由于线速度过高烧坏麻花钻。

（3）内孔加工长度尺寸控制方法有两种，一种是利用大滑板刻度盘控制深度；另一种是使用限位块控制深度尺寸。内孔加工时注意小滑板燕尾导轨不要撞上卡盘。

8.7 考核与评价

作为一门专业实践课，课程思政的考核重点是职业素养、操作规范和劳动教育是贯穿整个课程的过程性考核，具体评价项目及标准如表 8-4 所示。

表 8-4　　职业素养考核评价标准

考核项目	考核内容	配分	扣分	得分
实训纪律	服从安排,场地清扫等。违反一项扣5分	10		
安全生产	安全着装,按规程操作等。违反一项扣5分	10		
职业规范	机床预热,按照标准进行设备点检。违反一项扣5分	10		
文明生产	工具、量具、刀具定制摆放、工作台面的整洁等。违反一项扣5分	10		
清洁、清扫	清理机床内部的铁屑,确保机床表面各位置的整洁,清扫机床周围的卫生,做好设备的保养。违反一项扣5分	20		
整理、整顿	工具、量具的整理与定制管理。违反一项扣5分	20		
职业素养	严格执行设备的日常点检工作。违反一项扣5分	20		
合计		100		

8.8　总结与提升

8.8.1　项目实施情况分析

项目完成后,根据项目实施情况,分析存在的问题及原因,并填写表8-5。指导老师对项目实施情况进行讲评。

表 8-5　　套类零件加工实施情况分析表

项目实施过程	存在的问题	解决的办法
扩孔		
车孔		
内孔测量		
过渡套车削加工		

8.8.2　总结

在过渡套加工过程中,多个关键环节需格外关注,稍有不慎便可能影响加工质量与安全。

鉴于过渡套毛坯件夹持长度较短,校正完毕后,操作人员必须使用卡盘扳手将其牢牢夹紧。这一操作至关重要,若工件未被夹紧,在车床高速运转进行加工时,极易因离心力作用而飞出，极有可能引发严重的安全事故，危及操作人员生命安全，同时也会对设备造成严重损坏。

在钻孔、扩孔阶段，合理选择转速是保障加工顺利的关键。操作人员应依据过渡套的材质特性，如若是铝合金材质，其硬度相对较低，可适当提高转速；若是钢材，硬度较高，则需降低转速。同时，要结合麻花钻的规格，如直径大小、刃口材质等，综合确定适宜的转速。如此，才能有效避免因线速度过高，致使麻花钻温度急剧上升，进而出现烧坏的情况，影响钻孔、扩孔的精度与效率。

进行内孔加工时，长度尺寸的精准控制尤为重要。操作人员可借助大滑板刻度盘，通过仔细观察刻度变化，精确调整刀具的进给深度；也可采用限位块，提前设定好加工长度，当刀具到达限位位置时，自动停止进给，以此实现对长度尺寸的精准把控。并且，在整个操作进程中，操作人员需时刻留意小滑板燕尾导轨的位置，严防其撞上卡盘，确保加工能够安全、顺畅地推进，从而全方位提升加工质量与效率。

模块 2

普通铣削加工训练

项目 9　普通铣床基础操作

9.1　学习目标及任务描述

9.1.1　知识目标

(1) 了解铣削加工安全文明实训要求；
(2) 了解车间主任负责制、工量具定置管理要求等车间规章制度；
(3) 了解铣削加工基础知识；
(4) 了解普通铣床的基本操作方法及简单的维护保养。

9.1.2　技能目标

(1) 能够正确认识和使用工量具；
(2) 能够掌握设施设备的名称及基本用途；
(3) 能够掌握铣床的简单操作方法与保养。

9.1.3　素质目标

(1) 具备严谨、细心、全面、追求高效、精益求精的职业素质；
(2) 养成认真、求知、实事求是的学风；
(3) 遵守安全文明生产规程、逐步形成规范操作的基本职业素养；
(4) 具备沟通协调能力、团队合作精神，以及较强的敬业精神。

9.2　任务描叙

铣床加工范围比较广，如平面、沟槽、齿轮、螺纹、花键轴等多种表面复杂的形状，因此，铣削加工比其他机床加工技术要求高，难度大。

9.2.1 工作任务卡

X5032加工范围很广,其刀具可使用带柄铣刀、带孔铣刀、钻头,可铣削平面、斜面、键槽、镗孔。学生在实训中要严格遵守实训基地工作守则,认真执行表9-1普通铣床基础操作的工作任务卡。

表9-1　　　　　　　　　　　　　工作任务卡

编号	9	任务名称	铣床操作基础
设备型号	X5032	工作区域	实训中心——铣削教学区
版本	V1	建议学时	6学时

1. 金工实训工作守则

(1) 坚持安全、文明生产规范,严格遵守车间制度和劳动纪律
(2) 着装规范(工作服、劳保鞋),不携带与生产无关的物品进入车间
(3) 实训现场工具、量具和刀具等相关物料的定制化管理
(4) 严禁戴手套操作,严禁徒手清理铁屑

2. 工具、设备

类别	名称	规格型号/mm	单位	数量
工具	虎钳扳手	10	把	1
	等高垫铁	10×50×150	副	2
	锉刀	200	把	1
	胶木榔头	—	套	1
	活动扳手	200	把	1
	油石	—	块	若干
	卫生清洁工具毛刷等	—	套	1
设备	X5032铣床	—	台	1

3. 工作任务

(1) 独立完成铣床开关机
(2) 独立操作X5032铣床
(3) 独立完成铣刀更换
(4) 独立完成切削用量选择
(5) 独立完成铣床简单维护保养

4. 工作准备

(1) 技术资料:工作任务卡1份、教材
(2) 工作场地:有良好的照明、通风和消防设施等条件
(3) 工具、设备:按"工具、设备"栏目准备相关工具和设备
(4) 建议分组实施教学。每2~3人为一组,每组配备一台铣床。通过分组讨论完成零件的工艺分析及加工工艺方案设计,通过演示和操作训练完成零件的加工
(5) 劳动防护:穿戴劳保用品、工作服

9.2.2 引导问题

(1) 铣床基础操作常用的工量具有哪些?

（2）铣床可以分为几个机构部件？各个部件的名称及基本用途是什么？
（3）如何进行铣床基本维护保养？

9.3 知识链接

9.3.1 铣削加工简介

铣削是在铣床上利用铣刀的旋转主运动和工件（或铣刀）的进给运动进行切削的加工方法，在机械制造业中，铣削加工是最常用的加工方法之一。铣削加工精度一般可达到 IT10~IT8，表面粗糙度可达 $Ra6.3$~$1.6\mu m$。如图 9-1 所示，铣削不仅能加工平面（水平面、垂直面、斜面）、台阶、沟槽（键槽、T 形槽、V 形槽、燕尾槽等）、轮齿等，也能进行钻孔、铰孔和铣孔等工作，还能加工比较复杂的型面。

图 9-1　铣削加工的应用

9.3.2 铣削特点

铣刀是一种旋转切削加工的多齿刀具。

铣削为多刃刀具加工，切削连续，单刃为间歇性切削，刀刃条件好，切削速度高，生产效率高，但铣削时易产生震动，因此要求铣床结构上有较好的刚度和抗震性（为保护铣刀，铣削加工时要采取冷却措施）。铣削加工的工艺特点如下所示。

（1）生产率高　铣刀是典型的多齿刀具，铣削过程中多个刀齿依次参加切削工作，且其主运动是回转运动，其切削速度大，并可利用硬质合金镶片铣刀，有利于采用高速铣削，提高生产率。

（2）加工范围广　由于铣刀的类型众多，铣床的附件齐全，特别是分度头和回转工作台的应用，使铣削加工的范围极为广泛。

（3）铣削加工具有较高的加工精度　铣削可分为粗铣、半精铣、精铣，精铣的经济加工精度一般为 IT8～IT7，经济表面粗糙度为 $Ra1.6 \sim 3.2 \mu m$。精细铣削精度可达 IT5，表面粗糙度 Ra 可达到 $0.20 \mu m$。

（4）铣削加工时易产生振动　其原因主要是受切削刀具的影响、刀柄的影响，以及机床自身存在缺陷，切削参数选取的问题、工件夹持不紧等实际问题要根据具体情况分析解决，避免因震动影响加工质量。

9.3.3　铣床的分类

（1）按铣床结构分类

① 台式铣床：用于铣削仪器、仪表等小型零件的铣床。

② 悬臂式铣床：铣头装在悬臂上的铣床，床身水平布置，悬臂通常可沿床身一侧立柱导轨作垂直移动，铣头沿悬臂导轨移动。

③ 滑枕式铣床：主轴装在滑枕上的铣床，床身水平布置，滑枕可沿滑鞍导轨作横向移动，滑鞍可沿立柱导轨作垂直移动。

④ 龙门铣床：床身水平布置，其两侧的立柱和连接梁构成门架的铣床。铣头装在横梁和立柱上，可沿其导轨移动。通常横梁可沿立柱导轨垂向移动，工作台可沿床身导轨纵向移动。适用于大件加工。

⑤ 平面铣床：用于铣削平面和成型面的铣床，床身水平布置，通常工作台沿床身导轨纵向移动，主轴可轴向移动。它结构简单，生产效率高。

⑥ 仿形铣床：对工件进行仿形加工的铣床。一般用于加工复杂形状工件。

⑦ 升降台铣床：具有可沿床身导轨垂直移动的升降台的铣床，通常安装在升降台上的工作台和滑鞍可分别作纵向、横向移动。

⑧ 摇臂铣床：摇臂装在床身顶部，铣头装在摇臂一端，摇臂可在水平面内回转和移动，铣头能在摇臂的端面上回转一定角度的铣床。

⑨ 床身式铣床：工作台不能升降，可沿床身导轨作纵向移动，铣头或立柱可作垂直移动的铣床。

⑩ 专用铣床：例如工具铣床，用于铣削工具模具的铣床，加工精度高，加工形状复杂。

（2）按布局形式和适用范围分类

① 升降台铣床：有万能式、卧式和立式等，主要用于加工中小型零件，应用最广。

② 龙门铣床：包括龙门铣镗床、龙门铣刨床和双柱铣床，均用于加工大型零件。

③ 单柱铣床和单臂铣床：前者的水平铣头可沿立柱导轨移动，工作台作纵向进给；

后者的立铣头可沿悬臂导轨水平移动，悬臂也可沿立柱导轨调整高度。两者均用于加工大型零件。

④ 工作台不升降铣床：有矩形工作台式和圆形工作台式两种，是介于升降台铣床和龙门铣床之间的一种中等规格的铣床。其垂直方向的运动由铣头在立柱上升降来完成。

⑤ 仪表铣床：一种小型的升降台铣床，用于加工仪器仪表和其他小型零件。

⑥ 工具铣床：用于模具和工具制造，配有立铣头、万能角度工作台和插头等多种附件，还可进行钻削、镗削和插削等加工。

⑦ 其他铣床：如键槽铣床、凸轮铣床、曲轴铣床、轧辊轴颈铣床和方钢锭铣床等，是为加工相应的工件而制造的专用铣床。

9.3.4 铣削用量

铣削用量的要素包括：铣削速度 v_c、进给量 f、铣削深度 a_p 和铣削宽度 a_e。铣削时合理地选择铣削用量，对保证零件的加工精度与加工表面质量、提高生产效率、提高铣刀的使用寿命、降低生产成本，都有着密切的关系。

（1）铣削速度 v_c　铣削时铣刀切削刃上选定点相对于工件的主运动的瞬时速度称铣削速度。铣削速度可以简单地理解为切削刃上选定点在主运动中的线速度，即切削刃上离铣刀轴线距离最大的点在 1min 内所经过的路程。铣削速度的单位是 m/min，铣削速度与铣刀直径、铣刀转速有关，计算公式为

$$v_c = \frac{\pi d n}{1000}$$

式中：v_c——铣削速度，m/min；

　　　d——铣刀直径，mm；

　　　n——铣刀或铣床主轴转速，r/min。

（2）进给量 f　铣刀在进给运动方向上相对工件的单位位移量，称为进给量。铣削中的进给量根据具体情况的需要，有三种表述和度量的方法：

① 每转进给量 f。铣刀每回转一周，在进给运动方向上相对工件的位移量，单位为 mm/r。

② 每齿进给量 f_z。铣刀每转中每一刀齿在进给运动方向上相对工件的位移量，单位为 mm/z。

③ 进给速度（又称每分钟进给量）v_f。切削刃上选定点相对工件的进给运动的瞬时速度，称为进给速度。也就是铣刀每回转 1min，在进给运动方向上相对工件的位移量。单位为 mm/min，三种进给量的关系为

$$v_f = fn = f_z z n$$

式中：v_f——进给速度，mm/min；

　　　f——每转进给量，mm/r；

　　　n——铣刀或铣床主轴转速，r/min；

　　　f_z——每齿进给量，mm/z；

　　　z——铣刀齿数。

(3) 铣削深度 a_p 和铣削宽度 a_e

① 铣削深度 a_p 是指在平行于铣刀轴线方向上测得的切削层尺寸，单位为 mm。

② 铣削宽度 a_e 是指垂直于铣刀轴线方向，在工件进给方向上测得的切削层尺寸，单位为 mm。

铣削时，由于采用的铣削方法和选用的铣刀不同，铣削深度 a_p 和铣削宽度 a_e 的表示也不同。如图 9-2 所示为用圆柱形铣刀进行圆周铣与用端铣刀进行端铣时，铣削深度与铣削宽度的表示。不难看出，不论是采用圆周铣还是端铣，铣削深度 a_p 总是表示沿铣刀轴向测量的切深；而铣削宽度 a_e 都表示沿铣刀径向测量的铣削弧深。因为不论使用哪一种铣刀铣削，其铣削弧深的方向均垂直于铣刀轴线。

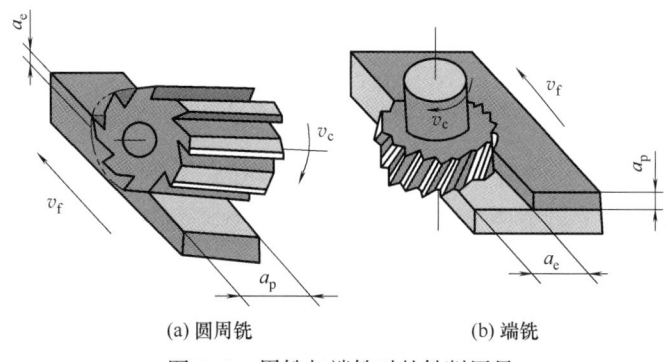

(a) 圆周铣   (b) 端铣

图 9-2 周铣与端铣时的铣削用量

9.3.5 铣削用量的选择原则

合理的铣削用量，是指充分利用铣刀的切削能力和机床性能，在保证加工质量的前提下，获得高的生产效率和低的加工成本的铣削用量。

选择铣削用量的原则是在保证加工质量，降低加工成本和提高生产效率的前提下，使铣削宽度（或铣削深度）、进给量、铣削速度的乘积最大。这时工序的切削工时最少。

粗铣时，在机床动力和工艺系统刚性允许并具有合理的铣刀耐用度的条件下，按铣削宽度（或铣削深度）、进给量、铣削速度的次序，选择和确定铣削用量。在铣削用量中，铣削宽度（或铣削深度）对铣刀耐用度影响最小，进给量的影响次之，而以铣削速度对铣刀耐用度的影响为最大。因此，在确定铣削用量时，应尽可能选择较大的铣削宽度（或铣削深度），然后按工艺装备和技术条件的允许选择较大的每齿进给量，最后根据铣刀的耐用度选择允许的铣削速度。

精铣时，为了保证加工精度和表面粗糙度的要求，首先工件切削层宽度应尽量一次铣出，切削层深度一般在 0.5mm 左右；其次根据表面粗糙度要求选择合适的每齿进给量；最后根据铣刀的耐用度确定铣削速度。

9.3.6 铣削方式

在铣削加工中，根据铣刀与工件接触部分的旋转方向和切削进给方向之间的关系，可以分为顺铣和逆铣,如图 9-3 所示。当铣刀与工件接触部分的旋转方向和工件进给方向相同时,即铣刀对工件的作用力在进给方向上的分力与工件进给方向相同时称之为顺铣。当铣刀与工件接触面的旋转方向和切削进给方向相反时称为逆铣。

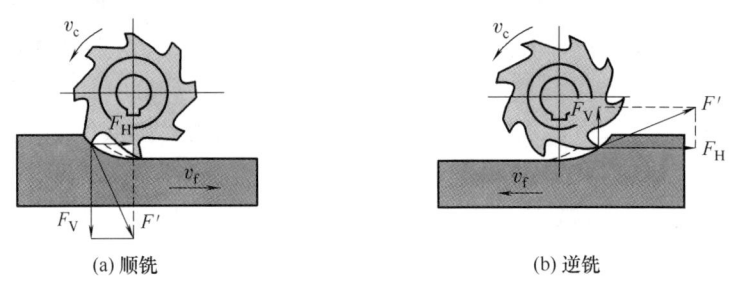

图 9-3 顺逆铣

F_H—水平切削力;F_V—垂直切削力。

(1)顺铣　铣刀的旋转方向和工件的进给方向相同。

当工件表面无硬皮,机床进给机构无间隙时,应选用顺铣。

优点:零件表面的质量好,刀齿磨损小。

适合材料:铝镁合金、耐热钛合金。

(2)逆铣　铣刀的旋转方向和工件的进给方向相反。

当工件表面有硬皮,机床的进给机构有间隙时多选用逆铣。

优点:①刀齿是从已加工表面切入,不会崩刀;②机床进给机构的间隙不会引起震动和爬行。

(3)顺铣与逆铣对切削的影响　顺铣的功率消耗要比逆铣小,在同等切削条件下,顺铣功率消耗要低 5%~15%,同时顺铣也更加有利于排屑。一般应尽量采用顺铣法加工,以提高被加工零件表面的光洁度(降低粗糙度),保证尺寸精度。但是在切削面上有硬质层、积渣,以及工件表面凹凸不平较显著时,如加工锻造毛坯,应采用逆铣法。

顺铣时,切削由厚变薄,刀齿从未加工表面切入,对铣刀的使用有利。逆铣时,当铣刀刀齿接触工件后不能马上切入金属层,而是在工件表面滑动一小段距离,在滑动过程中,由于强烈的磨擦,就会产生大量的热量,同时在待加工表面易形成硬化层,降低了刀具的耐用度,影响工件表面光洁度,给切削带来不利。另外,逆铣时,由于刀齿由下往上(或由内往外)切削,且从表面硬质层开始切入,刀齿受很大的冲击负荷,铣刀变钝较快,但刀齿切入过程中没有滑移现象,切削时工作台不会窜动。

因为逆铣和顺铣切入工件时的切削厚度不同,刀齿和工件的接触长度不同,所以铣刀磨损程度不同。实践表明:顺铣时,铣刀耐用度比逆铣时提高 2~3 倍,表面粗糙度也可降低,但顺铣不宜用于铣削带硬皮的工件。

9.3.7　铣床的型号编制方法

铣床型号的编制,是采用汉语拼音字母和阿拉伯数字按一定规律组合排列而成的。铣床的型号不仅是一个代号,它能反映出机床的类别、结构特征、性能和主要的技术规程。

(1) 机床的类代号　现行标准规定，机床类代号用汉语拼音字母表示，处于整个型号的首位。"铣床类"第一个汉字拼音字母是"X"（读作"铣"），则型号首位用"X"表示。

(2) 机床通用特性及结构特性代号　机床通用特性代号用汉语拼音字母表示，位居类代号之后，用来对类型和规格相同而结构不同的机床加以区分，通用特性代号有统一的固定含义，它在各类机床的型号中表示的意义相同。通用特性代号按其相应的汉字字意读音。例如"数控铣床"，机床类代号用"X"表示，居首位，通用特性代号用"K"表示，位居"X"之后，其汉语拼音字母的代号为"XK"。如果结构特性不同，也采用汉语拼音字母表示，位居通用特性之后，但具体字母表示意义没有明文规定。

(3) 组、系代号　机床组、系代号用两位阿拉伯数字表示，位于类代号或通用特性代号、结构特性代号之后。例如铣床"X5032"，在"X"之后的两位数字"50"表示立式升降台式铣床，例如铣床"X6132"，在"X"之后的两位数字"61"表示卧式万能升降台式铣床。

(4) 主要参数代号或设计顺序代号　机床型号中的主要参数代号是将实际数值除以10或100，折算后用阿拉伯数字表示的，位居组、系代号之后。

某些通用机床，当无法用一个主参数表示时，则在型号中用设计顺序号表示。设计顺序号由1起始，当设计顺序号小于10时，由01开始编号。

(5) 机床的重大改进顺序号　按改进的先后顺序选用A、B、C等汉语拼音字母（但"I""O"两个字母不得选用），加在型号基本部分的尾部，以区别原机床型号。

9.3.8　铣床的组成及操作方法

(1) 铣床组成　常用铣床有卧式铣床（图9-4）、立式铣床（图9-5）、工具铣床和龙门铣床等。

X6132铣床组成

铣床铭牌：老牌号有X62W、X51等；新牌号有X8126、X5032、XQ6226、X2016×4等。

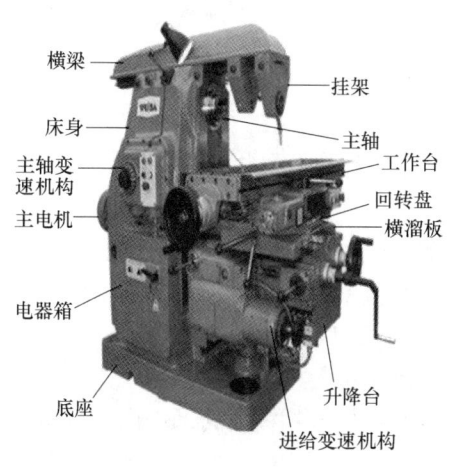

图9-4　万能卧式升降台铣床

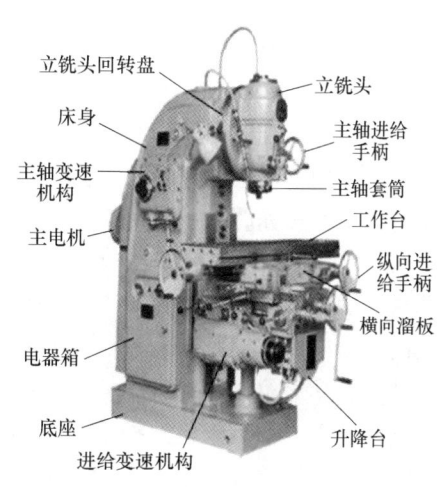

图9-5　立式升降台铣床

铣床主要部件：床身、拉杆、横梁、主轴、刀轴、挂架、纵向工作台、转台、横向工作台、升降台等。

机床附件：机用附件、万能分度头、万能立铣头、回转工作台和铣刀杆等。

（2）X5032立式铣床主轴转速与进给量调整

① 主轴转速调整 在停车及主轴停止转动的前提下，转动主轴变速手轮，可以得到范围在 40~1500mm/min 之间的 12 种不同的转速。若变速手轮不到位，可按一下主轴点动按钮，如图 9-6 所示。

X5032铣床操作

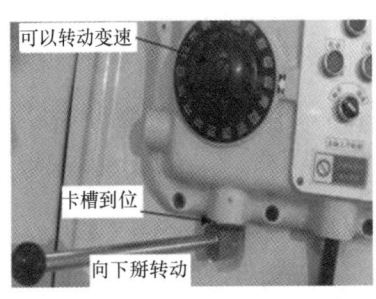 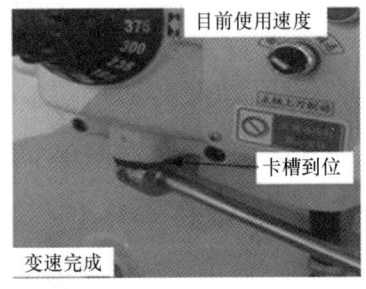

图 9-6 主轴转速调整

② 进给量调整 顺时针扳转进给量调整手柄，可以获得数码盘上标示的 18 种低速挡进给量，顺时针扳转手柄，然后逆时针锁紧，则可获得 18 种高速度进给量。一共可获得范围在 5~800mm/min 之间的 36 种进给量，应注意：垂向进给量只是数码盘所列数值的 1/3，如图 9-7 所示。

X5032变速进给量调整

 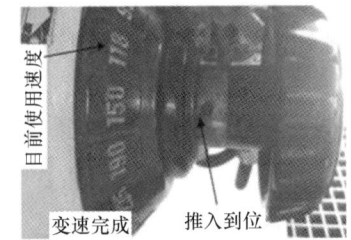

图 9-7 进给量调整

（3）X5032立式铣床工作台操作

① 手动手柄操作工作台。立式铣床、卧式铣床的工作台用手动手柄操作的方法基本相同；在初次操作时应认真阅读机床安全操作规程。

② 自动进给手柄操作工作台。在机床启动的状态下，配合使用纵、横、垂向自动进给选择手柄和进给换向旋钮。自动进给选择手柄向左右扳动，选择纵向自动进给，自动进给换向旋钮向左转动则向左进给，向右转动则向右进给。自动进给选择手柄向上下扳动，选择垂向自动进给，自动进给换向旋钮向上转动则向上进给，向下转动则向下进给；自动进给选择手柄向前后推，选择横向自动进给，自动进给换向旋钮向左转动则向前进给，向右转动则向后进给。自动进给选择手柄和自动进给换向旋钮的中间位置均为停止位置。

③ 快动手柄操作工作台。在机床启动和某一方向自动进给状态下，按机床上快速移

动按钮，即可获得工作台该方向的快速移动。

9.3.9 铣床附件及工件安装

对于铣削加工而言，铣削方法的关键是如何在铣床上对工件进行装夹。在铣床上进行批量较大的工件生产时，通常用专用的铣床夹具装夹进行铣削；在铣床上进行单件和小批量生产时，最常用的方法是用平口虎钳、压板和分度头来装夹工件。对于较小型的工件，一般采用平口虎钳装夹；对大、中型的工件则多是在铣床工作台上直接用压板来装夹；而对于轴类、套类或有等分要求及曲线外形的零件则多采用分度头或回转工作台来装夹。

（1）铣床附件及其应用

① 平口虎钳。平口虎钳是铣床上常用的机床附件。常用的平口虎钳主要有回转式和非回转式两种，如图 9-8 所示。两种平口虎钳的结构基本相同，只是回转式平口虎钳的底座设有转盘，钳体可绕转盘轴线在 360°范围内任意扳转，使用方便，适应性很强。平口虎钳以钳口宽度为标准规格，常用的有 100mm、125mm、136mm、160mm、200mm、250mm 共 6 种。

平口虎钳的固定钳口本身精度及其相对底座底面的位置精度均较高。底座下面带有两个定位键，用以在铣床工作台的 T 形槽定位和连接，以保证固定钳口与工作台纵向进给方向垂直或平行。当加工工件的精度要求较高时，先用百分表校正平口钳在工作台上的位置，然后再夹紧工件。一般用于夹持小型较规则的零件，如较方正的板块类零件、盘套类零件、轴类零件和小型支架等。

平口虎钳安装工件时，应使工件被加工面高于钳口，否则应用垫铁垫高工件；应防止工件与垫铁间有间隙；为保护工件的已加工表面，可以在钳口与工件之间垫软金属片，如铜片。

(a) 回转式　　　　　　　　　　　　(b) 非回转式

图 9-8　平口虎钳

② 回转工作台。回转工作台又称为圆转台，是带有可转动的台面、用以装夹工件并实现回转和分度定位的机床附件，主要用于较大零件的分度工作或非整圆弧面的加工。转

台按结构不同又分为立轴式回转工作台、卧轴式回转工作台和万能回转工作台，如图 9-9 所示。铣床上常用的是立轴式回转工作台，它又分为手动进给回转工作台和自动进给回转工作台，如图 9-10 所示。它的内部有一副蜗轮蜗杆，手轮与蜗杆同轴连接。转动手轮，通过蜗轮蜗杆传动使转台转动，转台周围有刻度，用来观察和确定转台的位置，手轮上刻度盘可读出转台的准确位置。

(a) 卧轴式回转工作台　　　　　　(b) 万能回转工作台

图 9-9　回转工作台

(a) 手动进给回转工作台　　　　　　(b) 自动进给回转工作台

图 9-10　立轴式回转工作台

（2）分度头　分度头是用在铣床上的一种常用附件，其种类很多，包括手摇式分度头、电动式分度头、数控分度头、万能分度头等。其中，万能分度头是利用分度刻度环、游标、定位销、分度盘以及交换齿轮，将装卡在顶尖间或卡盘上的工件分成任意角度，可将圆周分成任意等份，辅助机床利用各种不同形状的刀具进行沟槽、正轮、凸轮等的加工工作。按夹持工件的最大直径，万能分度头常用规格有 160mm、200mm、250mm、320mm 等几种，其中 FW250 型万能分度头是铣床上应用最普遍的一种，其外形如图 9-11 所示。

图 9-11　万能分度头

① 分度头的功用如下。

a. 使工件绕本身轴线进行分度（等分或不等分）。如六方、齿轮、花键等的零件。

b. 使工件的轴线相对铣床工作台台面扳成所需要的角度（水平、垂直或倾斜）。因此，可以加工不同角度的斜面。

c. 在铣削螺旋槽或凸轮时，能配合工作台的移动使工件连续旋转。

② 分度头的结构。分度头的底座内装有回转体，分度头主轴可随回转体在垂直平面内向上 90°和向下 10°范围内转动。主轴前端常装有三爪卡盘或顶尖。分度时拔出定位销，转动手柄，通过齿数比为 1∶1 的直齿圆柱齿轮副传动，带动蜗杆转动，又经传动比为 1∶40 的蜗轮蜗杆副传动、带动主轴旋转分度。分度头的传动比 i =蜗杆的头数/蜗轮的齿数=1/40，即当手柄通过速比为 1∶1 的一对直齿轮带动蜗杆转动一周时，蜗轮带动主轴转过 1/40 周，其传动结构图，如图 9-12 所示。

例如：若在某工件整个圆周上的分度 z 等分，则每分一个等分就要求分度头主轴转 1/z 圈。这时，分度手柄所需转的圈数 n 即可由下列比例关系推得

$$1:40 = \frac{1}{z}:n,\ 即\ n = \frac{40}{z}$$

式中：n——手柄转数；

z——工件的等分数；

40——分度头定数（定数是指分度头内蜗杆蜗轮副的传动比）。

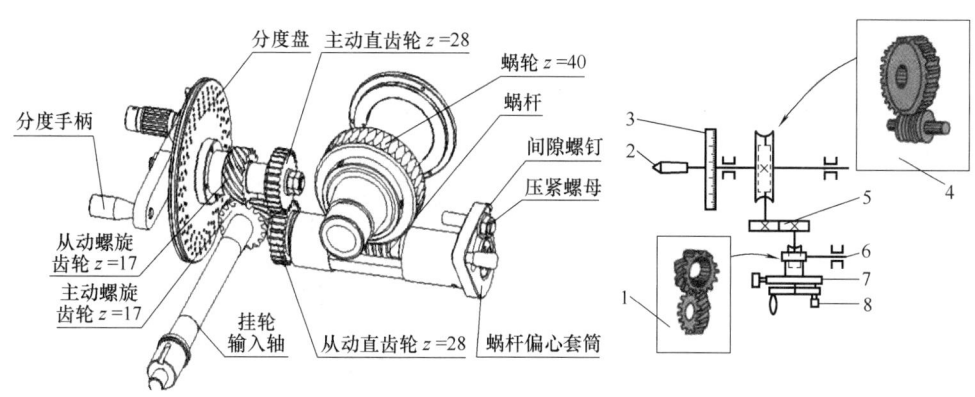

图 9-12 分度头的传动结构图

1—1∶1 螺旋齿轮传动 2—主轴 3—刻度盘 4—1∶40 蜗轮传动
5—1∶1 直齿轮传动 6—挂轮轴 7—分度盘 8—定位销

③ 分度盘与分度叉。

a. 分度盘。国产分度头一般配有两块分度盘，分度盘正反两面有许多数目不同的等距孔圈。

第一块分度盘正面各圈孔数分别为：24、25、28、30、34、37；反面各圈孔数分别为：38、39、41、42、43。

第二块分度盘正面各圈孔数分别为：46、47、49、51、53、54；反面各圈孔数分别为：57、58、59、62、66。

b. 分度叉。为了避免每一次分度要数一次孔数的麻烦并且为了防止分错，在分度盘上附有分度叉。分度叉的夹角大小可以松开螺钉进行调整。在调节时应注意使分度叉间的孔数比需要摇的孔数多一孔作为基准孔零件来计算。

例如，铣削齿数为 z = 35 的齿轮。每一次分度时手柄转过的转数为

$$n = \frac{40}{z} = \frac{40}{35} = 1\frac{5}{35} = 1\frac{1}{7}$$

即每加工完一个齿，手柄需要转过 $1\frac{1}{7}$ 转。这 1/7 转是通过分度盘来控制的。简单分度时，分度盘固定不动。此时将分度盘上的定位销拔出，调整孔数为 7 的倍数的孔圈，即 28、42、49 均可。若选用 28 孔数，即 1/7 = 4/28，分度时，手柄转过一转后，再沿孔数为 28 的孔圈上转过 4 个孔间距即可，如图 9-13 所示。

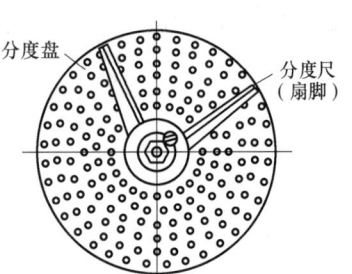

图 9-13　分度盘

（3）装夹　装夹就是在金属切削加工时，工件在机床上或者夹具中装好后才能进行切削加工。装夹包括两个方面：

① 定位。定位是使工件在机床上或夹具中占有某一个正确的位置。

② 夹紧。夹紧是对工件施加一定的外力，使工件在加工过程中保持定位后的正确位置不变。

一般工件在机床上的装夹方式，取决于生产批量、工件大小、复杂程度、加工精度要求及定位的特点等。主要装夹方法如表 9-2 所示。

表 9-2　　　　　　　　　　　工件的一般装夹方法

方法	图示
用平口钳装夹	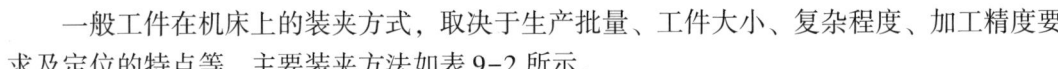
用压板装夹	
用分度头装夹	
用 V 形铁装夹工件	

续表

方法	图示
用圆形转台装夹	
用专用夹具装夹	

9.4 工作计划

（1）独立完成铣床开机与关机，并描述开关机的具体操作步骤。

（2）独立完成铣床手动正反转、进给运动操作，并描述具体操作步骤。

（3）在手动方式下，调节切削用量，完成铣削操作流程，并描述具体操作步骤。

9.5 工作实施流程及操作要求

铣床操作技术要求较多,包括操作规程、要点、安全,以及工件的加工精度、表面粗糙度品质要求等,在实训中要按工作实施流程及操作要求进行,如表9-3所示。

表 9-3　　　　　　　　　　铣床基础操作流程

序号	操作流程	工作内容	学习问题反馈
1	机床开机	检查机床→开机→低速热机→机床移出初始位置	
2	手动控制主轴正反转	在手动方式下,手动控制主轴正反转,通过主轴转速修调开关调整主轴转速	
3	手动移动工作台	在手动方式下移动工作台向各方向移动	
4	手动快速移动工作台	在手动方式下快速移动工作台向各方向移动	
5	手摇移动工作台	在手摇方式下移动机床工作台	
6	开关冷却液	手动打开和关闭冷却液	
7	启动主轴	启动主轴,主轴正转,转速 300r/min	
8	机床关机	回机床初始位置→检查机床→关机	

9.6 安全文明注意事项

(1) 安全注意事项
① 开动机床前,要检查各操作手柄位置是否正确,工件及工具是否装夹牢固。
② 不准戴手套操作,不准用手触摸正在进行中的设备及工件,不准用嘴吹铁屑,不准用手抓或徒手消除切削屑,头部不准靠近旋转着的刀具。
③ 开动机床后,不准离开机床,如需要离开,必须停机。
④ 变速、换刀具、装卸工件、测量工件时,必须停机。
⑤ 两人操作一台机床时,应分工明确,相互配合,操作时必须注意另一个人的安全。
(2) 文明生产知识
① 必须穿工作服,并把袖口扎紧,扣好上衣扣子,女生必须戴好安全帽。
② 服从指导教师安排,完成规定的实训操作,不准擅自改变实训内容和操作规程。
③ 工量具的放置位置要整齐合理,取用方便,用后及时维护和收检。
④ 实训操作中应发扬团结协作精神,保持现场整洁,做到文明有序。

9.7 考核与评价

作为一门专业实践课,学生的职业素养、操作规范与劳动教育是贯穿整个课程的过程性考核，具体评价项目及标准，如表9-4所示。

表9-4　　　　　　　　　　　　职业素养考核评价标准

考核项目	考核内容	配分	扣分	得分
实训纪律	服从安排，场地清扫等。违反一项扣5分	10		
安全生产	安全着装，按规程操作等。违反一项扣5分	10		
职业规范	机床预热，按照标准进行设备点检。违反一项扣5分	10		
文明生产	工具、量具、刀具定制摆放、工作台面的整洁等。违反一项扣5分	10		
清洁、清扫	清理机床内部的铁屑，确保机床表面各位置的整洁，清扫机床周围的卫生，做好设备的保养。违反一项扣5分	20		
整理、整顿	工具、量具的整理与定制管理。违反一项扣5分	20		
职业素养	严格执行设备的日常点检工作。违反一项扣5分	20		
合计		100		

"三晋工匠" 周建民

身为中国兵器工业集团淮海工业集团量具钳工、中国兵器首席技师、"三晋工匠"的周建民，从业39年来共完成1.6万余套专用量具，没有出现一次质量问题。他制作量具不借助任何机器设备，全凭眼看、耳听和手感，就能使量具达到微米级精度。而今，他的任务就是将自己的技艺传承下去。

"带徒弟是一个技术分享的过程，是快乐的。教徒弟能够促使师傅不断学习新知识、掌握新技能，徒弟的成功也是师傅的成功。"多年来，在该集团工会组织开展的师带徒活动中，周建民总是毫无保留地手把手教徒弟，凭借特殊的带徒体系，成为大家争相追逐的"明星"，不同班组、不同工种的职工纷纷想要拜他为师。

严要求、敢放手。在带徒弟的过程中，周建民是出了名的严格。量具是产品的"先行官"。周建民所在班组生产的专用量规，大多用来检测军工零件是否符合标准，所以对量规的精度要求极高。"量规的精度最高可达头发丝的六十分之一，比绣花还细。"周建民说，虽然对徒弟要求严格，但也要让他们放手去干活。周建民在教授一些理论知识后，会让每一个"新手小白"尽快上手实践，大胆尝试。

一人一册一方案。周建民会根据每名徒弟存在的不同问题，因人而异，制订出适合其实际的目标，并将自己多年来归纳、总结出的"三要诀加工法""冷热配合法""基准转换法"等生产中的绝技绝活、先进操作法编写成册发给每一个徒弟，帮助他们在工作中少走弯路，快速成长为公司生产的骨干力量。

2018年，周建民的徒弟刘希以优异的成绩入选第六届全国职工职业技能大赛山西集训队，但高强度的训练让他有点吃不消，想要放弃集训。周建民看出了刘希的心思，说了一句让刘希至今难忘的话："天道酬勤。"师傅的这句话一直激励着刘希。最终，在此次大赛中他取得个人第五名的成绩，荣获全国技术能手称号。

9.8　总结与提升

9.8.1　项目实施情况分析

项目完成后，根据项目实施情况，分析存在的问题及原因，并填写表9-5。指导老师对项目实施情况进行讲评。

表9-5　　　　　　　　　　铣床操作基础项目实施情况分析表

项目实施过程	存在的问题	解决的办法
机床操作		
安全文明生产		

9.8.2　总结

本项目介绍铣床操作基本知识，确保学生熟练掌握操作运用方法。系统讲解铣床的结构组成、工作原理，使学生明白各部件的功能及协同运作机制。详细介绍不同类型铣刀的特点与适用场景，以及切削参数（如转速、进给量、切削深度）的合理选择方法。

项目 10 铣床常用刀具的安装

10.1 学习目标及任务描述

10.1.1 知识目标

(1) 了解铣刀的分类、结构及角度;
(2) 了解铣刀安装的方法。

10.1.2 技能目标

(1) 能够独立完成带孔铣刀的装刀。
(2) 能够独立完成 $\phi14$ 立铣刀的装刀。

10.1.3 素质目标

(1) 具备严谨、细心、全面、追求高效、精益求精的职业素质;
(2) 养成认真、求知、实事求是的学风;
(3) 遵循安全文明生产规程、逐步形成规范操作的基本职业素养;
(4) 具备沟通协调能力、团队合作精神,以及较强的敬业精神。

10.2 任务描叙

铣刀是多齿的旋转刀具,铣刀种类很多、结构不一,应用广泛,按用途分类,可分为加工平面的铣刀、加工沟槽的铣刀、加工成形面的铣刀;还可按刀具的安装方法分为带孔铣刀和带柄铣刀。本任务主要讲述带孔铣刀的安装和带柄铣刀的安装。

10.2.1 工作任务卡

X5032 是立式铣床,它适合加工中小型航空设备零件,如平面、斜面、沟槽、孔、齿轮等。本工作任务卡着重进行带孔铣刀和 $\phi14$（带柄）立铣刀的安装，如表 10-1 所示。

表 10-1　　　　　　　　　　　工作任务卡

编号	10	任务名称	铣床常用刀具的安装
设备型号	X5032	工作区域	实训中心——铣削教学区
版本	V1	建议学时	4 学时

1. 金工实训工作守则

（1）坚持安全、文明生产规范，严格遵守车间制度和劳动纪律
（2）着装规范（工作服、劳保鞋），不携带与生产无关的物品进入车间
（3）实训现场工具、量具和刀具等相关物料的定制化管理
（4）严禁徒手清理切削屑

2. 工具、量具、刀具

类别	名称	规格型号/mm	单位	数量
工具	虎钳扳手	10	把	1
	等高垫铁	10×50×150	副	2
	锉刀	200	把	1
	胶木榔头		套	1
	活动扳手	200	把	1
	油石		块	若干
	卫生清洁工具		套	1
量具	游标卡尺	150	把	1
刀具	带孔铣刀		把	1
	$\phi14$ 立铣刀	$\phi14$	把	1
耗材	板材	45 钢	块	1

3. 工作任务

（1）独立完成带孔铣刀的装刀
（2）独立完成 $\phi14$ 立铣刀的装刀

4. 工作准备

（1）技术资料：工作任务卡 1 份、教材
（2）工作场地：有良好的照明、通风和消防设施等条件
（3）工具、量具、刀具：按"工具、量具、刀具"栏目准备相关工具、量具、刀具
（4）建议分组实施教学。每 2~3 人为一组，每组配备一台铣床。通过分组讨论完成零件的工艺分析及加工工艺方案设计，通过演示和操作训练完成零件的加工
（5）劳动防护：穿戴劳保用品、工作服

10.2.2　引导问题

（1）常用铣刀类型有哪些？
（2）铣刀安装有哪些注意事项？
（3）如何安装带孔铣刀？

(4) 如何安装 φ14 立铣刀？

10.3 知识链接

10.3.1 铣床常用刀具介绍

铣刀的种类很多，按照铣刀的安装方式不同，可分为带孔铣刀和带柄铣刀，带孔铣刀多用于卧式铣床，带柄铣刀多用于立式铣床。带柄铣刀分为直柄铣刀和锥柄铣刀两类。

按用途可分为铣削平面用铣刀、铣削直角沟槽用铣刀、铣削特形沟槽用铣刀和铣削特形面用铣刀等，如表 10-2 所示。

表 10-2　　　　　　　　　　常用铣刀的种类及应用

	名称与图例	特点及应用
铣削平面用铣刀	圆柱铣刀	圆柱铣刀用于卧式铣床上加工平面。刀齿分布在铣刀的圆周上，按齿形分为直齿和螺旋齿两种。按齿粗分粗齿和细齿两种。螺旋齿粗齿铣刀齿数少，刀齿强度高，容屑空间大，适用于粗加工；细齿铣刀适用于精加工
	套式端铣刀 可转位硬质合金刀片端铣刀	端铣刀主切削刃分布在铣刀的一端，工作时轴线垂直于被加工平面，常用在立式铣床上加工平面。主要采用硬质合金刀片，切削生产率较高
铣削直角沟槽用铣刀	立铣刀	立铣刀主要用在立式铣床上加工平面、台阶和槽，也可以利用靠模加工成形表面。立铣刀圆周上的螺旋切削刃是主切削刃，端面上的切削刃是副切削刃，故切削时一般不宜沿铣刀轴线方向进给
	三面刃铣刀	三面刃铣刀简称三面刃，三个刃口均有后角，刃口锋利，切削轻快。三面刃铣刀是标准的机床刀具，通常在卧铣床上使用，一般用于铣沟槽和台阶
	键槽铣刀	键槽铣刀是铣削键槽的专用刀具。它仅有两个刀瓣，其圆周切削刃和端面切削刃都可作为主切削刃，使用时先沿轴向进给切入工件，然后沿键槽方向进给铣出键槽全长

续表

名称与图例		特点及应用
铣削直角沟槽用铣刀	锯片铣刀	锯片铣刀外形与圆柱铣刀或三面刃铣刀相似，但厚度较薄，用于切断工件或铣切窄深槽。这种铣刀由外圆周边缘向中心厚度逐渐变薄，形成侧面间隙，以避免铣刀被工件夹断
铣削特形沟槽用铣刀	T形槽铣刀	T形槽铣刀是加工T形槽的专用工具，直槽铣出后，可一次铣出精度达到要求的T形槽，铣刀端刃有合适的切削角度，刀齿按斜齿、错齿设计，切削平稳、切削力小。用于加工各种机械台面或其他构体上的T形槽
	燕尾槽铣刀	用于加工燕尾和燕尾槽
	单角铣刀	单角铣刀主要加工各种角度，但是单角铣刀只有一个切削角度，只能铣削工件表面的一侧，因此适用于加工单一角度的工件，如平面、斜面
	对称双色铣刀	
	不对称双色铣刀	双角铣刀是角度铣刀中的一种。双角铣刀又可以分对称双角铣刀和不对称双角铣刀。其用途：主要用于加工各种角度槽。不对称双角铣刀用来铣削角度槽、斜面、螺旋沟或台阶面。特点：切削刃为双刃，呈一定的角度分布、齿数多、铣削平稳

续表

名称与图例	特点及应用
凹半圆铣刀	凹半圆铣刀为成型铣刀中的一种,在外圆上具有凹半圆形刀齿,用来加工凸半圆形面的铲齿铣刀
凸半圆铣刀	凸半圆铣刀为成形铣刀中的一种,凸半圆铣刀主要用于加工底部为凹半圆的沟槽
铣削特形面用铣刀 盘形齿轮铣刀 指形齿轮铣刀	齿轮铣刀是按仿形法或包络法工作的一种齿轮加工刀具。根据形状的不同分为盘形齿轮铣刀和指形齿轮铣刀两种
螺纹铣刀	通过三轴联动加工中心(数控铣床)实现铣削螺纹的刀具。螺纹铣刀,作为一种近年来快速发展的先进刀具,正越来越广泛地被企业接受,并表现出卓越超凡的加工性能,成为企业降低螺纹加工成本,提高效率,解决螺纹加工难题的有力武器

10.3.2 铣刀的安装

各种不同种类和不同规格的铣刀,大多是通过铣刀杆安装在铣床主轴上的。铣刀杆是用来将铣刀安装在铣床主轴上的铣床附件,所以要安装铣刀,首先要根据铣床主轴孔的结构、铣刀的不同类型和规格选用相应形式和规格的刀杆来进行安装。

铣床上一般采用 7∶24 圆锥的铣刀杆（或称锥柄）与铣床主轴锥孔配合。若刀杆为莫氏圆锥，则需用通过中间过渡锥套与主轴锥孔配合。锥柄尾端有内螺纹孔，通过拉紧螺杆，将铣刀杆拉紧在主轴锥孔内。锥体前端有一带两缺口的凸缘，与主轴轴端的凸键配合。

刀杆上装夹铣刀部分。由于铣刀种类不同、铣刀的装夹方法不同，其结构种类也很多，常见的有安装带孔铣刀的普通光轴刀杆、安装套式端铣刀的专用刀杆、安装带柄铣刀用的套筒夹簧刀杆等，如图 10-1 所示。

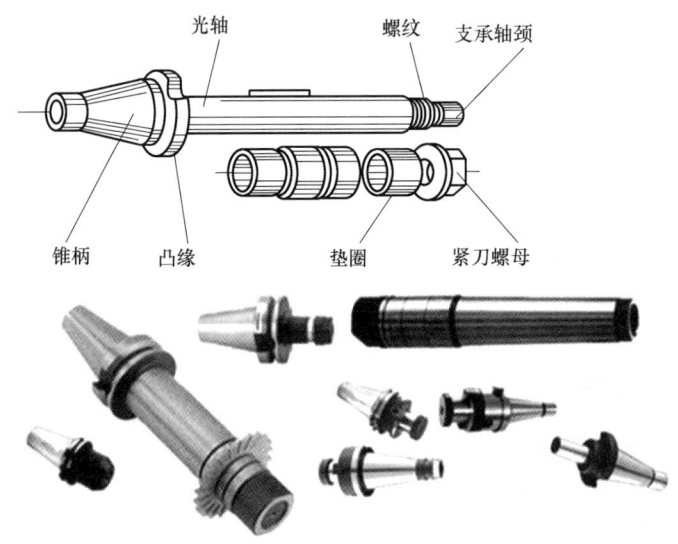

图 10-1　铣刀杆的结构图

（1）带孔铣刀的安装　在卧式铣床上一般使用拉杆安装带孔铣刀，如图 10-2 所示。刀杆一端安装在卧式铣床的刀杆支架上，刀杆穿过铣刀孔，通过套筒将铣刀定位，然后将刀杆的锥体装入机床主轴锥孔，用拉杆将刀杆在主轴上拉紧。铣刀应尽量靠近主轴，减少刀杆的变形，提高加工精度。

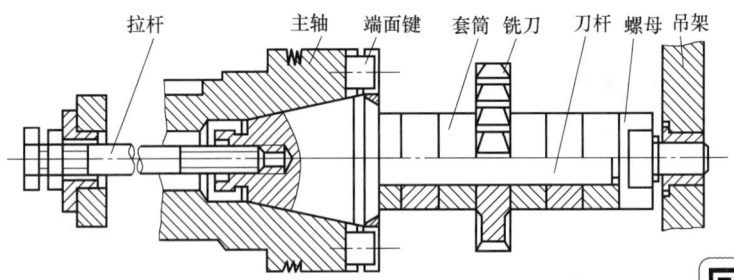

图 10-2　带孔铣刀的安装

（2）带柄铣刀的安装　带柄铣刀有直柄铣刀和锥柄铣刀两种。直柄铣刀直径较小，可用弹簧夹头进行安装。常用铣床的主轴通常采用锥度为 7∶24 的内锥孔。锥柄铣刀有两种规格，一种锥柄锥度为 7∶24，

一种锥柄锥度采用莫氏锥度。锥柄铣刀的锥柄上有螺纹孔,可通过拉杆将铣刀拉紧,安装在主轴上。锥度为 7:24 的锥柄铣刀可直接或通过锥套安装在主轴上;采用莫氏锥度的锥柄铣刀,由于与主轴锥度规格不同,安装时要根据铣刀锥柄尺寸选择合适的过渡锥套,过渡锥套的外锥锥度为 7:24,与主轴锥孔一致,其内锥孔为莫氏锥度,与铣刀锥柄相配。带柄铣刀的安装如图 10-3 所示。

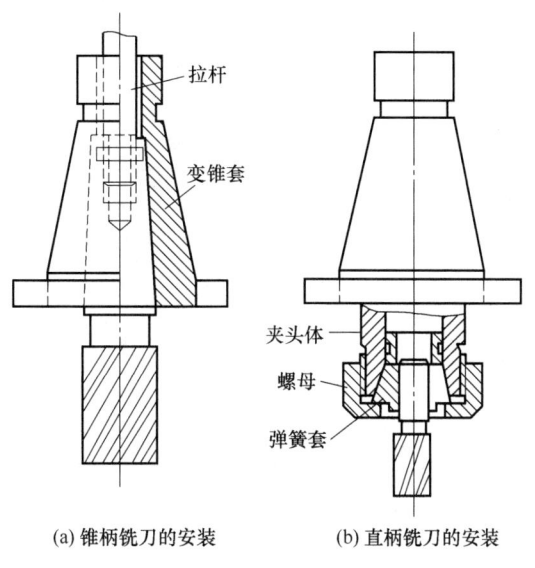

(a) 锥柄铣刀的安装　　(b) 直柄铣刀的安装

图 10-3　带柄铣刀的安装

10.4　工作计划

(1) 独立完成铣刀杆及带孔铣刀的安装,并描述装刀过程及注意事项。

(2) 独立完成弹簧刀柄与立铣刀的安装,并描述装刀过程及注意事项。

10.5　工作实施流程及操作要求

安装带孔铣刀和带柄铣刀时都需要选择合适的工具，以便正确地调节铣刀刀头的长度，并按照安装步骤完成铣刀的装配。安装后要进行校对，以确保铣刀准确地切削。学生应通过本项目的学习独立完成两种铣刀的安装方法，按照表 10-3 的工作流程及操作要求完成。

表 10-3　　　　　　　　　　　工作流程及操作要求

序号	操作流程	工作内容	学习问题反馈
1	铣刀杆及带孔铣刀的安装	1. 安装刀杆 2. 选择合适垫圈 3. 安装带孔铣刀 4. 再次安装垫圈并拧紧螺母 5. 检查安装情况	
2	弹簧刀柄与立铣刀的安装	1. 弹簧刀柄的组成 2. 弹簧刀柄的安装	

10.6　安全注意事项

（1）装刀时刀具不宜伸出过长。
（2）安装刀柄要拧紧锁紧螺母，防止刀具在刀套中自转，从而打刀。
（3）注意刀具尺寸控制时要注意排除间隙。刀具安装完成后要学会刀具的校准对刀。
（4）强调 6S 管理的规范与标准整理实训现场。

10.7　考核与评价

作为一门专业实践课，学生的操作规范与职业素养是贯穿整个课程的过程性考核，具体评价项目及标准如表 10-4 所示。

表 10-4　　　　　　　　　　　职业素养考核评价标准

考核项目	考核内容	配分	扣分	得分
实训纪律	服从安排，场地清扫等。违反一项扣 5 分	10		
安全生产	安全着装，按规程操作等。违反一项扣 5 分	10		
职业规范	机床预热、按照标准进行设备点检。违反一项扣 5 分	10		

续表

考核项目	考核内容	配分	扣分	得分
文明生产	工具、量具、刀具定制摆放、工作台面的整洁等。违反一项扣5分	10		
清洁、清扫	清理机床内部的铁屑,确保机床表面各位置的整洁,清扫机床周围的卫生,做好设备的保养。违反一项扣5分	20		
整理、整顿	工具、量具的整理与定制管理。违反一项扣5分	20		
职业素养	严格执行设备的日常点检工作。违反一项扣5分	20		
合计		100		

良心做事的胡双钱

"学技术是其次,学做人是首位,干活要凭良心。"胡双钱喜欢把这句话挂在嘴边,这也是他技工生涯的注脚。

胡双钱是飞机制造有限公司的高级技师,一位坚守航空事业数十年、加工数十万飞机零件无一差错的普通钳工。对质量的坚守,已经是融入血液的习惯。他心里清楚,一次差错可能就意味着无可估量的损失甚至以生命为代价。他用自己总结归纳的"对比复查法"和"反向验证法",在飞机零件制造岗位上创造了35年零差错的纪录,连续十二年被公司评为"质量信得过岗位",并授予产品免检荣誉证书。

不仅无差错,还特别能攻坚。在ARJ21新支线飞机项目和大型客机项目的研制和试飞阶段,设计定型及各项试验的过程中会产生许多特制件,这些零件无法进行大批量、规模化生产,钳工是进行零件加工最直接的手段。胡双钱几十年的积累和沉淀开始发挥作用。他攻坚克难,创新工作方法,圆满完成了ARJ21-700飞机起落架钛合金作动筒接头特制件制孔、C919大型客机项目平尾零件制孔等各种特制件的加工工作。胡双钱先后获得全国五一劳动奖章、全国劳动模范、全国道德模范称号。

一定要把我们自己的装备制造业搞上去,一定要把大飞机搞上去。已经年过半百的胡双钱现在最大的愿望是:"最好再干10年、20年,为中国大飞机多做一点。"

10.8 总结与提升

10.8.1 项目实施情况分析

项目完成后,根据项目实施情况,分析存在的问题及原因,并填写表10-5。指导老师对项目实施情况进行讲评。

表 10-5　　　　　　　　　　铣床常用刀具的安装实施情况分析表

项目实施过程	存在的问题	解决的办法
铣刀杆及带孔铣刀安装		
弹簧刀柄的安装		
立铣刀的对刀		

10.8.2　总结

在铣刀安装方面，刀具不宜伸出过长，过长易引发刀具振动，影响加工精度，甚至可能导致刀具折断。无论是安装强力刀柄还是弹簧刀柄，都务必拧紧锁紧螺母，防止刀具在刀套中自转，进而避免打刀事故发生。刀具尺寸控制也是关键，在操作中注意排除间隙，例如丝杆与螺母间的间隙，可通过适当调整反向间隙补偿参数等方式，确保刀具定位精准。

项目 11　铣床维护与保养规范

11.1　学习目标及任务描述

11.1.1　知识目标

(1) 了解铣床维护保养规范；
(2) 熟悉铣床维护的内容和方法；
(3) 掌握铣床保养内容和记录要点。

11.1.2　技能目标

(1) 能够规范进行铣床维护保养；
(2) 能够完成铣床的一级保养和实训现场 6S 管理规范操作。

11.1.3　素质目标

(1) 具备严谨、细心、全面、追求高效、精益求精的职业素质；
(2) 养成认真、求知、实事求是的学风；
(3) 遵循安全文明生产规程、逐步形成规范操作的基本职业素养；
(4) 具备沟通协调能力、团队合作精神，以及较强的敬业精神。

11.2　任务描叙

铣床的正常运行和确保加工精度维护和保养非常重要，通过本任务的学习，掌握清洁、润滑、防腐等基本内容，了解导轨、电气、冷却刀具等维护常识，以及精度检查和调整。

11.2.1　工作任务卡

X5032 立式铣床日常维护与保养任务的基本要求，如表 11-1 所示为铣床维护与保养规范的工作任务卡。

表 11-1　　　　　　　　　　　　工作任务卡

编号	11	任务名称	铣床维护与保养规范
设备型号	X5032	工作区域	实训中心——铣削教学区
版本	V1	建议学时	6 学时

1. 金工实训工作守则

(1)坚持安全、文明生产规范,严格遵守车间制度和劳动纪律
(2)着装规范(工作服、劳保鞋),不携带与生产无关的物品进入车间
(3)工量具和刀具定制管理
(4)严禁徒手清理铁屑

2. 工具

类别	名称	规格型号/mm	单位	数量
工具	虎钳扳手	10	把	1
	内六角扳手	1.5~10.0	套	1
	活动扳手	200	把	1
	卫生清洁工具		套	1

3. 工作任务

(1)了解铣床维护保养规范
(2)熟悉铣床三级保养内容和保养记录表
(3)独立完成铣床一级保养操作
(4)熟悉铣床实训现场 6S 管理规范

4. 工作准备

(1)技术资料:工作任务卡 1 份、教材
(2)工作场地:有良好的照明、通风和消防设施等条件
(3)工具:按"工具"栏目准备相关工具和设备
(4)建议分组实施教学。每 2~3 人为一组,每组配备一台铣床。通过分组讨论完成铣床的维护保养规范、三级保养内容及实训现场 6S 管理规范,通过演示和操作训练完成铣床的一级保养和实训现场 6S 管理操作规范
(5)劳动防护:穿戴劳保用品、工作服

11.2.2　引导问题

(1) 铣床在日常使用中需要哪些常规保养?
(2) 铣床保养具体有哪些项目?
(3) 铣床保养周期是多久?

11.3　知识链接

铣床的三级保养制度如下。

11.3.1　一级保养

一级保养就是每天的日常维护保养，在铣床工作前、工作中、工作后的日常维护事项。

不同型号的铣床日常维护的内容和要求不完全一样，对于具体的铣床，说明书中都有明确的规定，但总的说来包括以下几个方面。

(1) 安全操作基本注意事项

① 工作时请穿好工作服，安全鞋，戴好工作帽及防护镜。注意：不允许戴手套操作机床。

② 注意不要移动或损坏安装在铣床上的警告标牌。

③ 注意不要在铣床周围放置障碍物，工作空间应足够大。

④ 某一项工作需要两人或多人共同完成时，应注意相互之间的协调一致。

(2) 工作前的准备工作

① 铣床开始工作前要有预热，认真检查润滑系统工作是否正常，如机床长时间未开动，可先采用手动方式向各部分供油润滑。

② 使用的刀具应与机床允许的规格相符，有严重破损的刀具应及时更换。

③ 调整刀具所用的工具不要遗忘在机床上。

④ 检查虎钳夹紧工作的状态。

(3) 工作过程中的安全注意事项

① 禁止用手接触刀尖和铁屑，切削屑必须用切削钩子或毛刷来清理。

② 禁止用手或其他任何方式接触正在旋转的主轴，工件或其他运动部位。

③ 禁止加工过程中测量零件、变换主轴挡位，更不能用布条擦拭或任何物件触碰工件，也不能清扫铣床。

④ 铣床运转中，操作者不得离开岗位，一旦发现异常现象、异常噪声立即停车。

⑤ 铣床运行过程中发现异常情况，应立即报告实训指导教师，由专业的维修人员进行检查。

⑥ 严格遵守岗位责任制，铣床由专人使用，其他人士不得随意操作运行中的设备。

⑦ 工作结束后首先切断电源，然后进行保养工作。

⑧ 清洁铣床周围环境，严格按 6S 管理要求进行定置管理。

⑨ 在记录本上做好铣床运行情况，填写好铣床保养记录表。

11.3.2　二级保养

二级保养需要每个月进行一次维护保养，一般在月底或月初，在学校实训教学过程中一般在每个班级完成所有的实训项目时进行。二级保养一般按照机床的部位划分来进行保养，需要在实训指导教师的指导下进行。

(1) 工作台

① 台面及 T 形槽，要求清洁、无毛刺。

② 对于可交换工作台，检查托盘上下表面及定位销。要求清洁、无毛刺。

（2）主轴装置

① 主轴锥孔，要求光滑、清洁。

② 主轴拉刀机构，要求安全、可靠。

（3）润滑系统

① 检查润滑泵、压力表。要求无泄漏、压力符合技术要求。

② 检查油路及分油器。要求清洁无污、油路畅通、无泄漏。

③ 检查清洗滤油器、油箱。要求清洁无污。

④ 检查主轴箱油液位标的油位。要求润滑油必须加至油标上限。

（4）冷却液系统

① 清洗冷却液箱，必要时更换冷却液。要求清洁无污、无泄漏，冷却液不变质。

② 检查冷却液泵、液路，清洗过滤器。要求无泄漏、压力、流量符合技术要求。

（5）整机外观

① 全面擦拭机床表面及死角。要求漆见本色、金属面见光。

② 清理电器柜内灰尘。要求清洁无污。

③ 清洗各排风系统及过滤网。要求清洁，可靠。

④ 清理、清洁机床周围环境。按要求按照6S管理标准进行定置管理。

11.3.3　三级保养

三级保养通常每半年或者每年进行一次保养，在学校可以在每一个学期期末进行保养，三级保养首先要完成二级保养的内容，还要对铣床几何精度的重要指标和机床的运动精度进行检测和调整，因此三级保养需要设备维修维护的专业知识，一般有专业的技术人员或者专业教师进行具体保养操作。

① 主要几何精度，如床身水平，主轴和进给轴的相关几何精度检验项目。要求调整到符合出厂检验标准。

② 检测各轴的定位精度、重复定位精度以及反向误差。要求调整到符合出厂检验标准。

11.4　保养工作记录表

对铣床进行定期检查和保养是保持设备的可靠性和稳定性的重要工作，应按表11-2~表11-4完成保养记录。

表11-2　　　　　　　　　　铣床一级保养记录表

设备名称：		型号：		设备编号：		所属车间：		检查时间：	年	月				
检查项目	序号	检查内容	检查方法	检查标准	检查周期:每天							
					日	日	日	日	日	日	日	日
电气系统	1	操作面板各按钮是否完整	看、试	动作正常								
	2	电机运行声音是否正常	听	无异响								
	3	系统是否异常	看	无报警								

续表

检查项目	序号	检查内容	检查方法	检查标准	检查周期:每天								
					日	日	日	日	日	日	日	日	日
电气系统	4	电气控制柜冷却风扇运行是否正常	手感应	有风流动感									
润滑	1	润滑油位	看	在油标上下限位之间									
	2	各导轨是否有润滑油	手摸	导轨有油膜									
机械	1	刀具工装是否有松动	手动紧固	无松动									
	2	主轴和进给系统是否异常	听、试	无异响									
	3	工作台面是否正常	手摸	工作台面无损伤									
清洁	1	设备外表是否清洁	手摸	无油污灰尘									
	2	工具柜里面的工量具定制管理	看	无乱摆放									
	3	设备铁屑是否清理干净	看	无残留铁屑									
	4	冷却风扇过滤网是否清理干净	气吹	无灰尘									
	5	现场是否有三漏	擦拭、看	无溢流									

表 11-3　　　　　铣床二级保养记录表

设备名称：　　型号：　　设备编号：　　所属车间：　　检查时间：　　年　　月

检查项目	序号	检查内容	检查方法	检查标准	检查周期:每周			
					日	日	日	日
工作台	1	机床工作台面及T形槽	看、手摸	要求清洁、无毛刺				
	2	对于可交换工作台,检查托盘上下表面及定位销	看、手摸	要求清洁、无毛刺				
主轴装置	1	主轴锥孔	看、手摸	要求光滑、清洁				
	2	主轴拉刀机构	试	要求安全、可靠				
润滑系统	1	检查润滑泵、压力表	看	要求无泄漏、压力符合技术要求				
	2	检查油路及分油器	看	要求清洁无污、油路畅通、无泄漏				
	3	检查清洗滤油器、油箱	看	要求清洁无污				
	4	检查主轴箱油液位标的油位	看	要求润滑油必须加至油标上限				
冷却液系统	1	清洗冷却液箱,必要时更换冷却液	看	要求清洁无污、无泄漏,冷却液不变质				
	2	检查冷却液泵、液路,清洗过滤器	看	要求无泄漏、压力、流量符合技术要求				
整机外观	1	全面擦拭机床表面及死角	看、摸	要求漆见本色、金属面见光				

续表

检查项目	序号	检查内容	检查方法	检查标准	检查周期:每周			
					日	日	日	日
整机外观	2	清理电器柜内灰尘	看、摸	要求清洁无污				
	3	清洗各排风系统及过滤网	看、摸	要求清洁、可靠				
	4	清理、清洁机床周围环境	看	按要求按照6S管理标准进行定置管理				

表11-4　　　　　　　　　　　铣床三级保养记录表

设备名称：　　　型号：　　　设备编号：　　　所属车间：　　　检查时间：　年　月　日

序号	检查内容	检查方法	检查标准	检查情况记录
1	铣床床身水平	通过水平仪检测,并手动调整	符合国标要求	
2	X轴线运动的直线度	通过平尺和千分表打表检测,并手动调整	符合国标要求	
3	Y轴线运动的直线度	通过平尺和千分表打表检测,并手动调整	符合国标要求	
4	Z轴线运动的直线度	通过平尺和千分表打表检测,并手动调整	符合国标要求	
5	Z轴线运动和X轴线运动间的垂直度	通过平尺、角尺和千分表打表检测,并手动调整	符合国标要求	
6	Z轴线运动和Y轴线运动间的垂直度	通过平尺、角尺和千分表打表检测,并手动调整	符合国标要求	
7	Y轴线运动和X轴线运动间的垂直度	通过平尺、角尺和千分表打表检测,并手动调整	符合国标要求	
8	主轴的周期性轴向窜动	通过检验棒和千分表打表检测,并手动调整	符合国标要求	
9	主轴端面跳动	通过检验棒和千分表打表检测,并手动调整	符合国标要求	
10	主轴锥孔的径向跳动	通过检验棒和千分表打表检测,并手动调整	符合国标要求	
11	主轴轴线和Z轴运动间的平行度	通过检验棒和千分表打表检测,并手动调整	符合国标要求	
12	主轴轴线和X轴运动间的垂直度	通过平尺、角尺和千分表打表检测,并手动调整	符合国标要求	
13	主轴轴线和Y轴运动间的垂直度	通过平尺、角尺和千分表打表检测,并手动调整	符合国标要求	
14	工作台面的平面度	通过精密水准仪或平尺、量块、千分表或光学方法检测,并手动调整	符合国标要求	
15	工作台面和X轴线运动间的平行度	通过平尺和千分表打表检测,并手动调整	符合国标要求	

续表

序号	检查内容	检查方法	检查标准	检查情况记录
16	工作台面和 Y 轴线运动间的平行度	通过平尺和千分表打表检测,并手动调整	符合国标要求	
17	0°位置时工作台的基准T形槽和 X 轴轴线运动间的平行度	通过千分表打表检测,并手动调整	符合国标要求	
18	铣床的定位精度	通过激光干涉仪检测,并补偿调整	符合国标要求	
19	铣床的反向间隙	通过激光干涉仪或者千分表检测,并补偿调整	符合国标要求	
20	铣床的重复定位精度	通过激光干涉仪检测,并补偿调整	符合国标要求	

11.5 一级维护

一级维护保养除把铣床外表擦得锃光瓦亮以外,还必须做好如表11-5各项工作。

表11-5　　　　　　　　　铣床一级维护保养操作规范

检查项目	序号	检查内容	检查方法	学习问题反馈
电气系统	1	操作面板各按钮是否完整	看、试	
	2	电机运行声音是否正常	听	
	3	系统是否异常	看	
	4	冷却风扇运行是否正常	手感应	
润滑	1	润滑油位	看	
	2	各导轨是否有润滑油	手摸	
机械	1	刀具工装是否有松动	手动紧固	
	2	主轴和进给系统是否异常	听、试	
	3	工作台面是否正常	试	
清洁	1	设备外表是否清洁	手摸	
	2	工具柜里面的工量具定制管理	看	
	3	设备铁屑是否清理干净	看	
	4	冷却风扇过滤网是否清理干净	气吹	
	5	现场是否有三漏	擦拭、看	

11.6 考核与评价

作为一门专业实践课,职业素养、操作规范和劳动教育是贯穿整个课程的过程性考核,具体评价项目及标准如表11-6所示。

表11-6　　　　　　　　　　职业素养考核评价标准

考核项目	考核内容	配分	扣分	得分
实训纪律	服从安排,场地清扫等。违反一项扣5分	10		
安全生产	安全着装,按规程操作等。违反一项扣5分	10		
职业规范	机床预热,按照标准进行设备点检。违反一项扣5分	10		
文明生产	工具、量具、刀具定制摆放、工作台面的整洁等。违反一项扣5分	10		
清洁、清扫	清理机床内部的铁屑,确保机床表面各位置的整洁,清扫机床周围的卫生,做好设备的保养。违反一项扣5分	20		
整理、整顿	工具、量具的整理与定制管理。违反一项扣5分	20		
职业素养	严格执行设备的日常点检工作。违反一项扣5分	20		
合计		100		

精益求精铸造强劲"中国心"

洪家光始终秉持"国家利益至上"价值观,以实干践行初心,在生产一线创新进取、勇攀高峰。航空发动机被誉为现代工业"皇冠上的明珠",其性能、寿命和安全性取决于叶片的精度,他潜心研究叶片磨削加工的各个环节,自主研发出解决叶片磨削专用的高精度金刚石滚轮工具制造技术,经生产单位应用后,叶片加工质量和合格率得到了提升,助推了航空发动机自主研制的技术进步。凭借该项技术,他荣获2017年度国家科学技术进步二等奖。在工作岗位上,他先后完成了200多项技术革新,解决了300多个生产难题,以精益求精的工匠精神为飞机打造出了强劲的"中国心"。

他以国家级"洪家光技能大师工作室"和省级"洪家光劳模创新工作室"为平台,先后为行业内外2000余人(次)进行专业技能培训,亲授的13名徒弟均成为生产骨干。他先后完成工具技术创新和攻关项目84项,个人拥有8项国家专利,团队拥有30多项国家专利,助推航空发动机制造技术水平提升,积极为实现"中国梦""强军梦""动力梦"贡献力量。

11.7　总结与提升

11.7.1　项目实施情况分析

项目完成后,根据项目实施情况,分析存在的问题及原因,并填写表11-7。指导老师对项目实施情况进行讲评。

表 11-7　铣床维护与保养实施情况分析表

项目实施过程	存在的问题	解决的办法
设备保养		
工量具定置管理		
现场环境清洁		
现场 6S 管理		

11.7.2　总结

　　铣床能否实现高精度加工、保障产品质量稳定并提升生产效率，不仅依赖于铣床自身精度与性能，更与操作者的正确使用及维护保养紧密相关。

　　铣床的精度直接影响产品精度，若长期缺乏保养，导轨磨损、丝杆间隙增大等问题会致使铣刀定位偏差，加工出的产品尺寸精度、形状精度难以达标。而产品质量稳定也与铣床状态息息相关，良好的保养能确保铣削过程平稳，避免刀具振动、工件松动等状况，防止产品出现表面粗糙度不合格、加工缺陷等质量问题。同时，高效的生产效率也离不开铣床的可靠运行，保养得当可减少设备故障停机时间，让铣床持续稳定工作，提升单位时间内的加工产量。

　　对于铣床，不能等故障出现才依赖维修人员。只有坚持做好日常维护保养，每日清理工作台、刀架的铁屑杂物，擦拭机身，检查润滑点补充润滑油，才能长期维持铣床精度，延长使用寿命，充分发挥其加工优势。定期保养同样关键，每周检查传动部件，如皮带松紧、齿轮啮合情况，每月检查主轴箱油质、油量，定期检测电器系统等。无论是铣床操作者还是维修人员，都必须高度重视，严格做好日常检查与定期维护，保障铣床性能。

项目 12　六面体铣削加工

12.1　学习目标及任务描述

12.1.1　知识目标

(1) 了解铣床操作安全纪律；
(2) 了解铣工基本知识；
(3) 了解铣床基础操作；
(4) 了解六面体的加工方法。

12.1.2　技能目标

(1) 能够进行六面体图纸及工艺分析；
(2) 能够处理操作中出现的突发情况；
(3) 能够独立完成六面体铣削；
(4) 能够进行六面体工件质量检查。

12.1.3　素质目标

(1) 具备严谨、细心、全面、追求高效、精益求精的职业素质；
(2) 养成认真、求知、实事求是的学风；
(3) 遵循安全文明生产规程、逐步形成规范操作的基本职业素养；
(4) 具备沟通协调能力、团队合作精神，以及较强的敬业精神。

12.2　任务描叙

铣削加工六面体要保证安全，遵守金工实训基地的劳动守则。并做好零件的定位、夹紧，选择好刀具和切削方法、选用合适的切削参数、切割加工后对成品进行测量。确保加工精度。

12.2.1 工作任务卡

如表 12-1 所示为六面体铣削加工的工作任务卡。

表 12-1　　　　　　　　　　　　工作任务卡

编号	12	任务名称	六面体铣削加工
设备型号	X5032	工作区域	机加实训中心——铣削教学区
版本	V1	建议学时	8 学时

1. 金工实训劳动守则

(1) 坚持安全、文明生产规范,严格遵守车间制度和劳动纪律
(2) 着装规范(工作服、劳保鞋),不携带与生产无关的物品进入车间
(3) 实训现场工具、量具和刀具等相关物料的定制化管理
(4) 严禁徒手清理切削屑
(5) 培养学生勤学好问、勤于思考、规范操作、严谨工作的求学态度

2. 工具、量具、刀具

类别	名称	规格型号/mm	单位	数量
工具	虎钳扳手	10	把	1
	手锤		把	1
	加力杆	250	把	1
	内六角扳手	1.5~10.0	套	1
	活动扳手	200	把	1
	平行垫铁	10×50×150	片	若干
	切削屑清理钩	250	把	1
	卫生清洁工具		套	1
量具	游标卡尺	150	把	1
刀具	带孔铣刀		把	1
	φ14 立铣刀	φ14	把	1
耗材	45 钢	76×46×36	块	1

3. 工作任务

(1) 能够进行六面体图纸及工艺分析
(2) 独立完成六面体铣削,加工如下图所示零件,毛坯为 76mm×46mm×36mm 的铁块,材料为 45 钢

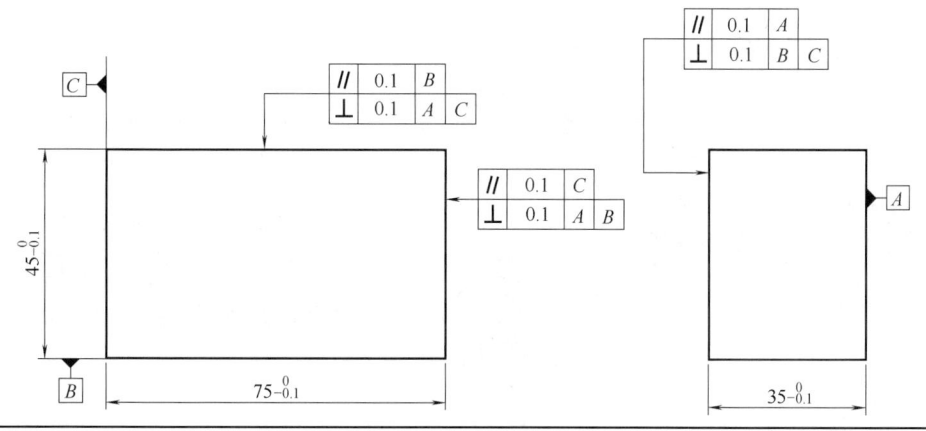

续表

4. 工作准备
（1）技术资料：工作任务卡 1 份 （2）工作场地：有良好的照明、通风和消防设施等条件 （3）工具、量具、刀具：按"工具、量具、刀具"栏目准备相关工具和设备 （4）建议分组实施教学。每 2 人为一组，每组配备一台铣床。通过分组讨论操作训练 （5）劳动防护：穿戴劳保用品、工作服

12.2.2 引导问题

（1）六面体加工有哪些安全注意事项？
（2）六面体加工如何加工基准面？
（3）六面体质量检测有哪些注意事项？

12.3 知识链接

● 铣削平行面

加工平行面除了与加工单一平面一样需要保证平面的直线度、平面度和粗糙度要求外，还需要保证相对于基准面的位置精度及基准面的尺寸精度要求。铣平行面的要点如表 12-2 所示。

铣削平面操作

工件平行度的测量

表 12-2　　　　　　　铣平行面的要点

操作条件	操作图示	操作要点
用平口钳装夹工件铣平行面		工件基准面靠向平口钳钳体导轨面，基准面与钳体导轨面之间垫两块厚度相等的平行垫块，也称等高块（便于抽动平行垫块检查基准面是否与钳体导轨面平行），可以在卧式铣床上用圆形铣刀周铣，也可在立式铣床上用端铣刀端铣
用压板装夹工件铣平行面		当工件有台阶时，可直接用压板将工件装夹在工作台台面上，使其基准面与工作台台面贴合，可以在卧式铣床上用圆形铣刀铣平行面，也可在立式铣床上用端铣刀铣平行面 当工件没有台阶时，工件装夹可使用定位键定位，使基准面与纵向进给方向平行，可在卧式铣床上用端铣刀铣平行面

12.4 工作计划：六面体铣削加工

按照图纸要求完成零件，零件如图 12-1 所示，评分标准如表 12-3 所示，加工工艺如表 12-4 所示。

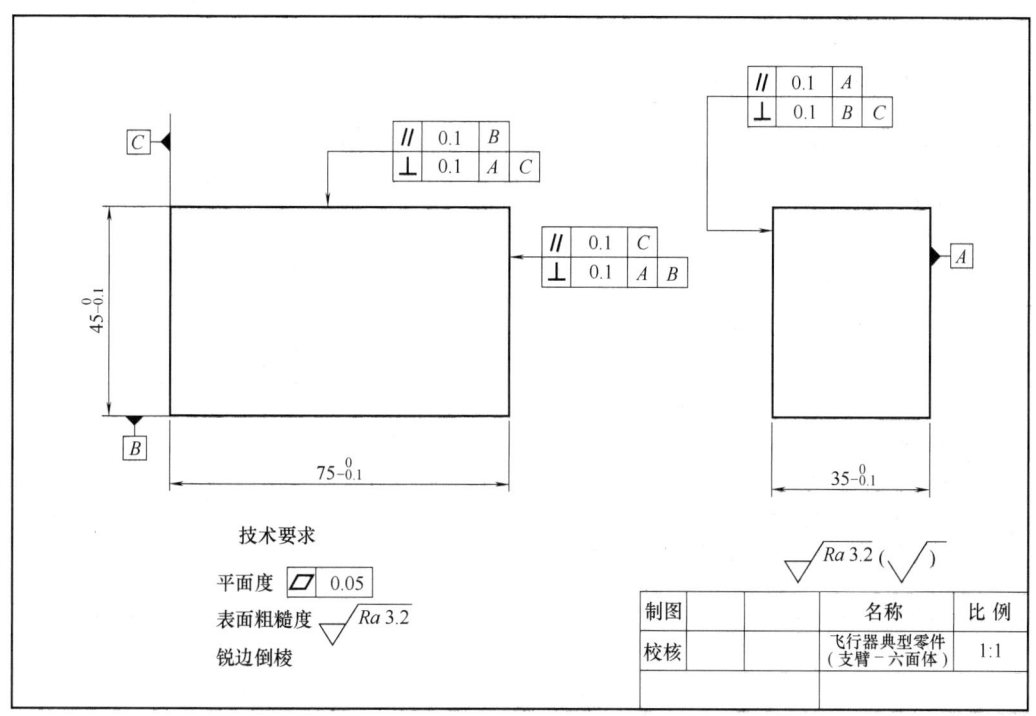

图 12-1 六面体

表 12-3　　　　　　　　　　　六面体加工评分标准表

考核内容	配分	评分细则	扣分	得分
$75_{-0.1}^{0}$	20	每超过 0.02mm 扣 1 分,扣完为止		
$45_{-0.1}^{0}$	20	每超过 0.02mm 扣 1 分,扣完为止		
$35_{-0.1}^{0}$	20	每超过 0.02mm 扣 1 分,扣完为止		
∥0.1	10	每超过 0.02mm 扣 1 分,扣完为止		
⊥0.1	10	每超过 0.02mm 扣 1 分,扣完为止		
▱0.05	10	每超过 0.02mm 扣 1 分,扣完为止		
表面粗糙度 $Ra3.2$	10	参照表面粗糙度样块酌情扣分		

① 工件表面划伤、碰伤,每处酌情扣 5~10 分
② 锐角倒钝或倒钝过大,酌情扣 5~10 分

表 12-4　　　　　　　　　　　　　　　　六面体加工工艺

普通零件加工工艺卡片			产品名称	零件名称	材　料	零件图号
				六面体	Q235	
工序号	编号	夹具名称	夹具编号	使用设备		铣床
	1	机用虎钳				X5032
工步号	工步内容		刀具类型	刀具	主轴转速/(r/min)	进给速度/(mm/s)
1	分析图纸,清点工量具					
2	以毛坯平面四做粗基准,粗精加工一面		端铣刀	硬质合金刀片	375	150
3	去毛刺			细平锉		
4	一面与固定钳口面贴平,加圆棒夹紧,粗精加工二面,去毛刺		端铣刀	硬质合金刀片	375	150
5	一面与固定钳口面贴平,加圆棒夹紧,粗精加工三面至尺寸,去毛刺		端铣刀	硬质合金刀片	375	150
6	一面与平口钳导轨面贴平,粗精加工四面至尺寸,去毛刺		端铣刀	硬质合金刀片	375	150
7	一面与固定钳口面贴平,用角尺校正好二或三面与平口钳导轨面的垂直度后夹紧,粗精加工五面,去毛刺		端铣刀	硬质合金刀片	375	150
8	一面与固定钳口面贴平,用角尺校正好垂直度后夹紧,粗精加工六面至尺寸,去毛刺		端铣刀	硬质合金刀片	375	150
9	交检					

12.5　工作实施流程及操作要求

工作任务所需设备及工刃具,如表 12-5 所示。

表 12-5　　　　　　　　　　　　　　铣床操作准备工作

设备	安装刀具	工具	备注
X5032 XJ6325T	端面铣刀	虎钳扳手、铁锤	开机对刀、停机测量

六面体铣削加工流程如下。

（1）铣第一个面

① 选择较大的面,作为第一面来加工。

② 清扫虎钳,选择合适的垫铁,安装（夹紧敲紧）工件。

③ 选择适宜的转速和铣削方式（粗加工用逆铣,精加工用顺铣）。

④ 开机对刀退出,调整切削深度,锁紧工作台,工件做进给运动。

⑤ 停机,拿锉刀去毛刺,测量平面度、粗糙度达到图纸要求。

一面

(2) 铣第二个面

① 清扫钳口，选择合适垫铁。

② 已加工的第一个面与固定钳口面贴合加圆棒安装工件。

③ 加工方法与加工第一个面相同，铣出第二个面。

④ 停机，拿锉刀去毛刺，测量平面度、垂直度、粗糙度达图纸要求。

⑤ 如测量后达不到图纸要求，重复步骤①~④。

二面及垂直度的测量方法

(3) 铣第三个面

① 清扫钳口，选择合适垫铁。

② 第一个面仍与固定钳口贴合，第二个面放在垫铁上，加圆棒安装工件。

③ 加工方法与加工第一个面相同，铣出第三个面。

④ 停机，拿锉刀去毛刺，测量平面度、平行度、垂直度、粗糙度、尺寸精度达图纸要求。

三面及平行度的测量方法

(4) 铣第四个面

① 清扫钳口，选择合适垫铁。

② 将第一个面放在垫铁上，夹持二、三面。

③ 加工方法与加工第一个面相同，铣出第四个面。

④ 停机，拿锉刀去毛刺，测量平面度、平行度、垂直度、粗糙度、尺寸精度达图纸要求。

四面

(5) 铣第五个面

① 清扫钳口，选择合适垫铁。

② 夹持一四面，用直角尺校正工件，使被测量面（第二面或者第三面）与垫铁或者工作台面垂直，夹紧工件，不允许敲工件。

③ 加工方法与加工第一个面相同，铣出第五个面。

④ 停机，拿锉刀去毛刺，测量平面度、垂直度、粗糙度达图纸要求。

五面

(6) 铣第六个面

① 清扫钳口，选择合适垫铁。

② 将第五个面放在垫铁上，夹紧、敲紧。

③ 加工方法与加工第一个面相同，铣出第六个面。

④ 停机，拿锉刀去毛刺，测量平面度、平行度、垂直度、粗糙度、尺寸精度达图纸要求。

⑤ 交检，评分。

六面

12.6 安全注意事项

(1) 掌握安全文明生产知识，弘扬大国工匠精神、精益求精精神，培养一丝不苟的态度。

(2) 养成爱护及正确使用设备、工量具的良好习惯,提升职业素养。
(3) 操作铣床时操作只允许一个人操作机床。

12.7　考核与评价

作为一门专业实践课,职业素养、操作规范和劳动教育是贯穿整个课程的过程性考核,具体评价项目及标准如表 12-6 所示。

表 12-6　　职业素养考核评价标准

考核项目	考核内容	配分	扣分	得分
实训纪律	服从安排,场地清扫等。违反一项扣 5 分	10		
安全生产	安全着装,按规程操作等。违反一项扣 5 分	10		
职业规范	机床预热,按照标准进行设备点检。违反一项扣 5 分	10		
文明生产	工具、量具、刀具定制摆放、工作台面的整洁等。违反一项扣 5 分	10		
清洁、清扫	清理机床内部的铁屑,确保机床表面各位置的整洁,清扫机床周围的卫生,做好设备的保养。违反一项扣 5 分	20		
整理、整顿	工具、量具的整理与定制管理。违反一项扣 5 分	20		
职业素养	严格执行设备的日常点检工作。违反一项扣 5 分	20		
合计		100		

12.8　总结与提升

12.8.1　项目实施情况分析

项目完成后,根据项目实施情况,分析存在的问题及原因,并填写表 12-7。指导老师对项目实施情况进行讲评。

表 12-7　　六面体铣削加工实施情况分析表

项目实施过程	存在的问题	解决的办法
铣床基础操作		

续表

项目实施过程	存在的问题	解决的办法
铣平行面要点		
六面体铣削加工		
现场 6S 管理		

12.8.2 总结

本项目详细讲解铣削六面体并精准示范六面体加工步骤，如正确装夹工件、合理选择铣刀与切削参数，着重强调注意事项，如刀具路径规划、切削过程中对铣削力的把控等。学生掌握铣削六面体的关键技能，确保零件尺寸达标。学生进行零件加工注意避免操作偏差，如刀具安装角度不准确、切削深度控制不当等问题。

在资讯阶段，查阅资料了解六面体铣削工艺；在决策阶段，确定加工方案，合理规划加工流程，规范操作；在检查阶段，严格测量尺寸。

整个加工过程着重强调安全文明生产知识，弘扬大国工匠精神，培养学生精益求精、一丝不苟的态度。培养学生爱护及正确使用设备、工量具的习惯，提升职业素养。同时避免安全隐患，全方位保障铣削六面体的操作安全与高效开展。

项目 13　槽类零件铣削加工

13.1　学习目标及任务描述

13.1.1　知识目标

(1) 了解槽类零件铣削刀具选择与安装；
(2) 了解槽类零件安装方法；
(3) 了解直角槽的加工步骤；
(4) 了解键槽的加工步骤；
(5) 了解轴键槽的加工步骤。

13.1.2　技能目标

(1) 能够正确进行槽类零件铣削刀具选择与安装；
(2) 能够进行槽类零件安装；
(3) 能够进行直角槽、键槽、轴键槽的加工；
(4) 能够进行直角槽、键槽、轴键槽的加工质量检查。

13.1.3　素质目标

(1) 具备严谨、细心、全面、追求高效、精益求精的职业素质；
(2) 养成认真、求知、实事求是的学风；
(3) 遵循安全文明生产规程、逐步形成规范操作的基本职业素养；
(4) 具备沟通协调能力、团队合作精神，以及较强的敬业精神。

13.2　任务描叙

本工作任务主要学习直角槽、键槽、轴键槽三种典型槽类零件，用 X5032 立式铣床加工的工艺路线和加工工序步骤。

13.2.1 工作任务卡

小型槽类零件机械加工方法很多,最常用的是立式和卧式铣床加工。立式铣床加工槽类零件,其工艺流程和步骤,如表 13-1 槽类零件铣削加工的工作任务卡所述。

表 13-1　　　　　　　　　　　　工作任务卡

编号	13	任务名称	槽类零件铣削加工
设备型号	X5032	工作区域	机加实训中心——铣削教学区
版本	V1	建议学时	18 学时

1. 金工实训工作守则

1. 坚持安全、文明生产规范,严格遵守车间制度和劳动纪律
2. 着装规范(工作服、劳保鞋),不携带与生产无关的物品进入车间
3. 实训现场工具、量具和刀具等相关物料的定制化管理
4. 严禁徒手清理铁屑,气枪严禁指向人

2. 工具、量具、刀具

类别	名称	规格型号/mm	单位	数量
工具	虎钳扳手	10	把	1
	手锤	—	把	1
	加力杆	250	把	1
	内六角扳手	1.5~10.0	套	1
	活动扳手	200	把	1
	平行垫铁	10×50×150	片	若干
	铁屑钩	250	把	1
	卫生清洁工具	—	套	1
量具	游标卡尺	150	把	1
刀具	带孔铣刀	—	把	1
	$\phi14$ 立铣刀	$\phi14$	把	1
耗材	—	—	块	3
设备	XJ6325T	—	台	1

3. 工作任务

(1)正确进行槽类零件铣削刀具选择与安装
(2)独立完成槽类零件安装
(3)独立完成直角槽的加工,加工如下图所示零件,毛坯为 70mm×50mm×45mm 的铁块,材料为 45 钢,其技术要求:精度如下图所示,表面粗糙度 $Ra3.2\mu m$,锐边倒钝

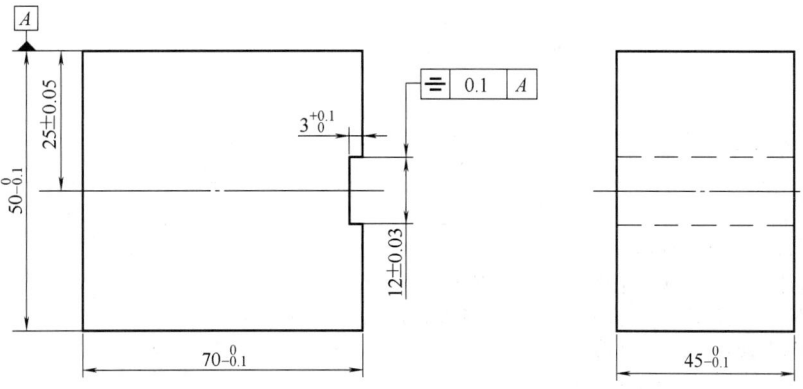

续表

(4) 独立完成键槽的加工,加工如下图所示零件,毛坯为 70mm×50mm×45mm 的铁块,材料为 45 钢,其技术要求如下图所示,表面粗糙度 $Ra3.2\mu m$,锐边倒钝

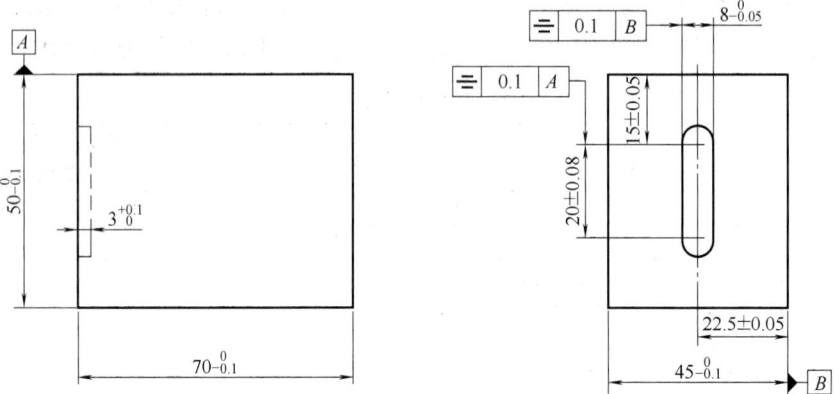

(5) 独立完成轴键槽的加工,加工如下图所示零件,毛坯为 $\phi32mm×100mm$ 的铁块,材料为 45 钢,其技术要求如下图所示,表面粗糙度 $Ra3.2\mu m$,锐边倒钝

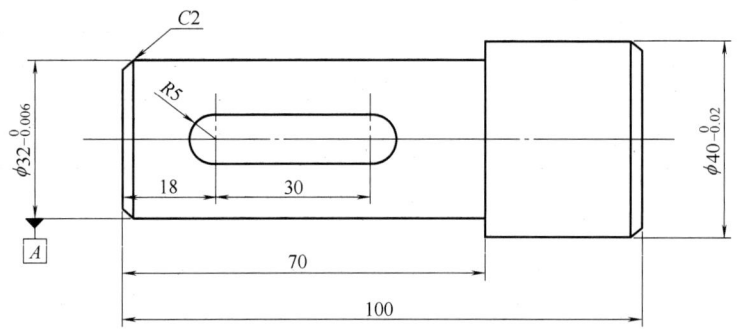

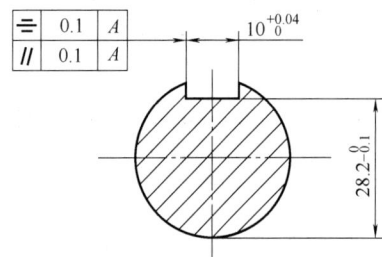

(6) 独立完成槽类零件的加工质量检查

4. 工作准备

(1) 技术资料:工作任务卡 1 份
(2) 工作场地:有良好的照明、通风和消防设施等条件
(3) 工具、量具、刀具:按"工具、量具、刀具"栏目准备相关工具和设备
(4) 建议分组实施教学。每 2 人为一组,每组配备一台铣床。通过分组讨论操作训练
(5) 劳动防护:穿戴劳保用品、工作服

13.2.2 引导问题

(1) 槽类零件铣削刀具怎么选择？
(2) 槽类零件如何正确安装？
(3) 槽类零件的加工有哪些注意事项？

13.3 知识链接

- 铣键槽

由于轴类零件上键槽的两侧面与平键两侧面相配合，以传递转矩，是主要工作面，因此，键槽宽度尺寸精度要求较高，键槽两侧面的表面粗糙度值较小，键槽对轴的轴线的对称度也有较高的要求，槽的深度要求较低。

在轴类零件上加工键槽时，轴类零件的装夹方法很多。装夹工件时，不但要保证工件的稳定可靠，还要保证工件的轴线位置不变，以保证键槽的中心平面通过轴线。铣键槽的要点，如表 13-2 所示。

表 13-2　　　　　　　　　铣键槽的要点

操作方法	操作图示	操作要点
用平口钳装夹	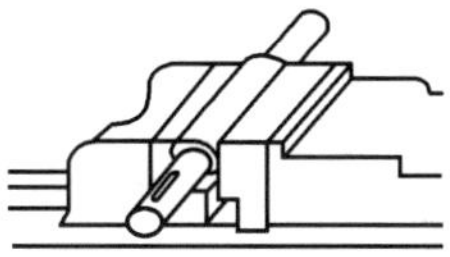	用平口钳装夹工件，装夹简单、工件下的垫块要稳固，需认真安装找正刀具与工件的同轴度，否则影响键槽的尺寸精度和键槽的对称度，在单件生产时，常用此方法
用 V 形架和压板装夹	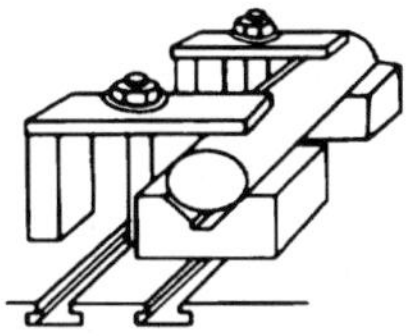	工件对中性好，当工件直径变动时，不影响键槽的对称性
用分度头装夹	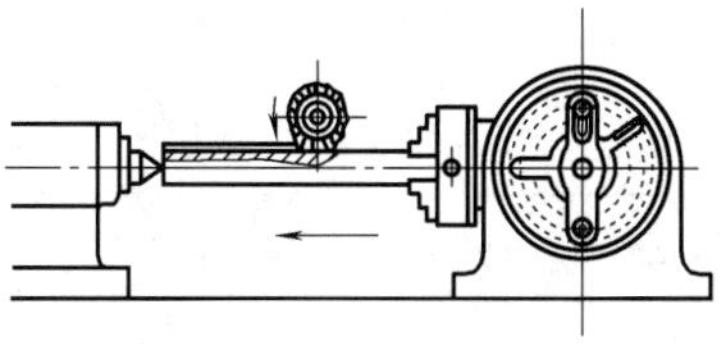	用分度头主轴和尾座装夹工件的，采用一夹一顶(或两顶尖)方式，键槽的对称性不受工件直径变化的影响，但在安装分度头和尾座时，应用标准量棒在两顶尖或一夹一顶装夹，用百分表校正其上母线与工作台纵向进给方向的平行度

轴类零件的键槽有开式和闭式两种。对于闭式键槽，单件生产一般在立式铣床上加工；当批量较大时，则常在键槽铣床上加工。在键槽铣床上加工时，常用抱钳把工件卡紧，再用键槽铣刀一层一层地铣削，直到符合要求为止。

铣开式键槽一般在卧式铣床上加工，利用分度头安装工件，选用三面刃铣刀。

若用立式铣刀加工，由于铣刀中央无切削刃，因此必须预先在槽的一端钻一个落刀孔，才能用立式铣刀铣键槽。

13.4 工作任务：直角槽铣削加工

直角槽加工方法
图纸分析及
加工准备

直角槽加工方法
粗加工

直角槽加工方法
精加工

按照图纸要求完成直角槽零件，技术要求如图 13-1 所示、表面粗糙度 $Ra3.2\mu m$，锐边倒钝，评分标准如表 13-3 所示，加工工艺如表 13-4 所示。

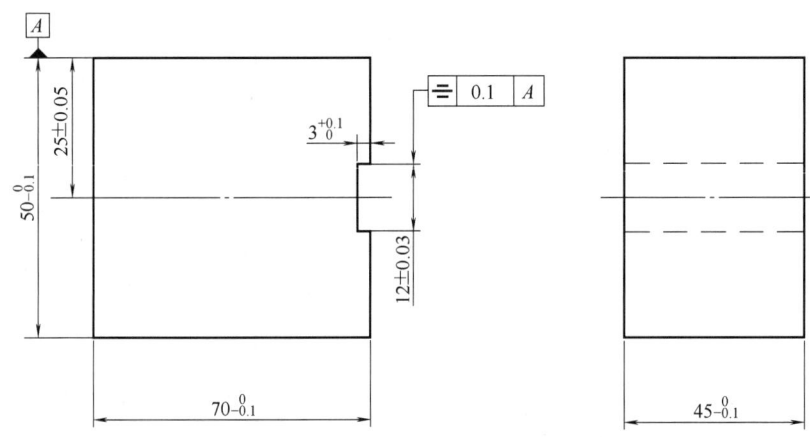

图 13-1 直角槽

表 13-3　　　　　　　　　　直角槽加工评分标准表

考核内容	配分	评分细则	扣分	得分
12±0.03	20	每超差 0.02mm 扣 1 分，扣完为止		
$3^{+0.1}_{0}$	30	每超差 0.02mm 扣 1 分，扣完为止		
⌰ 0.1	40	每超差 0.02mm 扣 1 分，扣完为止		
槽内表面粗糙度 Ra 3.2μm	10	参照表面粗糙度样块酌情扣分		

1. 锐角无倒钝，或倒钝尺寸太大，酌情扣 5~10 分
2. 工件表面划伤、碰伤，每处酌情扣 5~10 分

表13-4　　　　　　　　　　　直角槽零件加工工艺

普通零件加工工艺卡片			产品名称	零件名称	材　料	零件图号
				直角槽	Q235	
工序号	编号	夹具名称	夹编号	使用设备		铣　床
	1	机用虎钳				XJ6325T
工步号		工步内容	工具	刀具名称	主轴转速/(r/min)	进给速度/(mm/s)
1		分析图纸,清点工量具	—	—	—	—
2		装夹工件,贴纸对刀	机用虎钳	键槽铣刀	550	—
3		调整法对中心,保证直角槽的对称	对刀块或百分表			
4		上表面对刀,粗加工直角槽	大头针、黄油	键槽铣刀	550	
5		去毛刺,测量,精加工直角槽至尺寸	砂纸、百分表	键槽铣刀	550	
6		去毛刺	180目砂纸	细平锉	—	—
7		交检	—	—	—	—

13.5　工作任务：键槽铣削加工

键槽加工方法 图纸分析及加工准备

键槽加工方法 粗加工

键槽加工方法 精加工

按照图纸要求完成键槽零件,零件如图13-2所示、表面粗糙度$Ra3.2$、锐边倒钝,评分标准如表13-5所示,加工工艺如表13-6所示。

表13-5　　　　　　　　　　　键槽加工评分标准表

考核内容	配分	评分细则	扣分	得分
20±0.08	20	每超差0.02mm扣1分,扣完为止		
$8_{-0.05}^{0}$	10	每超差0.02mm扣1分,扣完为止		
$3_{0}^{+0.1}$	20	每超差0.02mm扣1分,扣完为止		
⫽ 0.1(A)	20	每超差0.02mm扣1分,扣完为止		
⫽ 0.1(B)	20	每超差0.02mm扣1分,扣完为止		
槽内表面粗糙度$Ra3.2\mu m$	10	参照表面粗糙度样块酌情扣分		

1. 锐角无倒钝,或倒钝尺寸太大,酌情扣5~10分
2. 工件表面划伤、碰伤,每处酌情扣5~10分

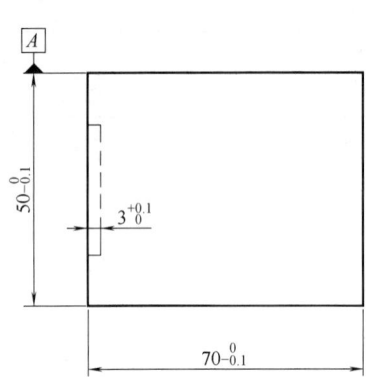 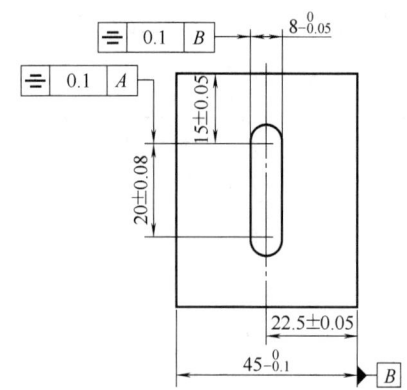

图 13-2 键槽

表 13-6　　　键槽零件加工工艺

工序号	编号	夹具名称	夹具编号	使用设备	铣床
普通零件加工工艺卡片			产品名称	零件名称 键槽	材料 Q235	零件图号
	2	机用虎钳	—	—	XJ6325T
工步号	工步内容		工具类型	刀具名称	主轴转速/(r/min)	进给速度/(mm/s)
1	分析图纸,清点工量具		—	—	—	—
2	工件上划线(键槽长度),打出钻孔样冲眼		样冲	—	—	—
3	装夹工件,贴纸对刀		薄纸	直柄键槽铣刀	550	
4	调整法对中心,保证键槽左右的对称,钻头钻孔头直径小于铣刀直径1mm左右,其深度与键深相同后换铣刀		钻头	—		
5	在工件上表面对刀,在划线范围内粗加工键槽,长度方向留0.2mm余量,深度方向留0.2mm余量(键槽每一刀的切削深度控制在0.2mm左右),去毛刺		砂纸	直柄键槽铣刀	550	
6	停机测量,根据测量结果精加工键槽至尺寸(测量时先在升降手柄刻度盘上做好记号,将工件降下2圈,顺槽长的方向退出再测量,测量完,将槽归原位)		键槽铣刀	带柄铣刀	550	
7	去毛刺			细平锉		
8	交检					

13.6　工作计划：轴键槽铣削加工

按照图纸要求完成零件轴键槽加工，轴键槽零件如图 13-3 所示，键槽表面粗糙度 $Ra3.2\mu m$，锐边倒钝，评分标准如表 13-7 所示，加工工艺如表 13-8 所示。

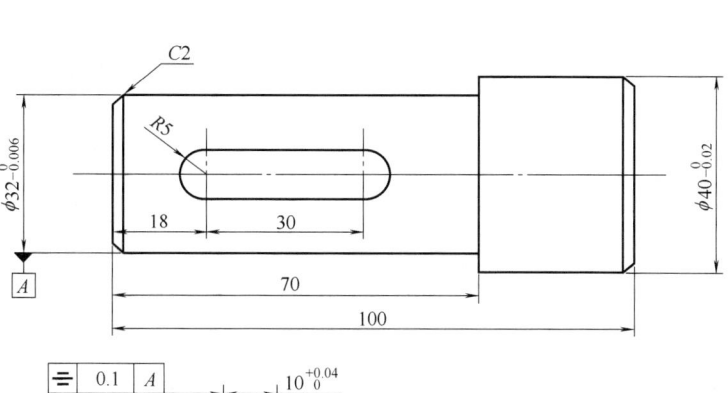

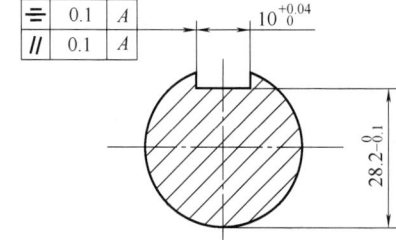

技术要求：表面粗糙度 Ra 3.2；
锐边倒钝

图 13-3 轴键槽

表 13-7　　　　　　　　　　轴键槽加工评分标准表

考核内容	配分	评分细则	扣分	得分
18	20	每超差 0.02mm 扣 1 分,扣完为止		
30	20	每超差 0.02mm 扣 1 分,扣完为止		
$10_0^{+0.04}$	10	每超差 0.02mm 扣 1 分,扣完为止		
$28.2_{-0.1}^{0}$	20	每超差 0.02mm 扣 1 分,扣完为止		
= 0.1	10	每超差 0.02mm 扣 1 分,扣完为止		
//0.1	10	每超差 0.02mm 扣 1 分,扣完为止		
槽内表面粗糙度	10	参照表面粗糙度样块酌情扣分		

1. 锐角无倒钝,或倒钝尺寸太大,酌情扣 5~10 分
2. 工件表面划伤、碰伤,每处酌情扣 5~10 分

表 13-8　　　　　　　　　　轴键槽零件加工工艺

普通零件加工工艺卡片			产品名称	零件名称	材　料	零件图号
				轴键槽	Q235	3
工序号	编号	夹具名称	夹具编号	辅助工具		铣床
	3	机用虎钳	—	垫块		XJ6325T
工步号		工步内容	刀具类型	刀具	主轴转速/(r/min)	进给速度/(mm/s)
1		分析图纸,清点工量具	—	—	—	—
2		装夹工件,采用切痕法来对中心,保证键槽的对称(切痕法是在轴上刻出凹槽作加工起始点,然后以此为基准,保证切痕在键槽长度范围内),锁紧工作台	键槽铣刀	高速钢	550	

续表

工步号	工步内容	刀具类型	刀具	主轴转速/(r/min)	进给速度/(mm/s)
3	端面贴纸对刀,控制槽的位置(留0.2mm余量)				
4	上表面对刀,调整切削深度,通过刻度盘控制键槽长度,长度方向留0.4mm余量,多次铣削,在深度方向留0.2mm余量(键槽每一刀的切削深度控制在0.2mm左右),粗加工完成,去毛刺	键槽铣刀	带柄铣刀	550	
5	测量,根据测量结果精加工键槽至尺寸(测量时先在升降手柄刻度盘上做好记号,将工件降下2圈,顺槽长的方向退出再测量,测量完,将槽归原位)	键槽铣刀	带柄铣刀	550	
6	去毛刺		细平锉		
7	交检				

13.7 安全注意事项

（1）坚持安全、文明生产规范，严格遵守车间制度和劳动纪律。
（2）着装规范（工作服、劳保鞋），女生必须戴好工作帽，戴好护目镜。
（3）实训现场工具、量具和刀具等相关物料的定制化管理。
（4）工具准备：严格按照工具清单准备工、量、夹具，落实工具"三清点"制度。
（5）按图纸施工，按工艺施工：严谨细致，按章操作。
（6）严格遵守操作规范，防止发生人身安全事故。操作车床时禁止戴手套，两人共用一台车床只准一人操作，变速、换刀具、装卸工件、测量工件时，必须停机。
（7）尺寸检查：养成零缺陷、无差错的质量意识。
（8）严禁用手清除切削屑，使用切削屑钩清理切削屑，必要时将铣床停机清理切削屑。
（9）每班工作后应擦净铣床导轨面，要求无油污、无切削屑和冷却液并加油（采用浇油润滑），机床回位并关闭电源。
（10）培养学生勤学好问、勤于思考、规范操作、严谨工作的求学态度。

13.8 考核与评价

作为一门专业实践课，职业素养、操作规范和劳动教育是贯穿整个课程的过程性考核，具体评价项目及标准如表13-9所示。

表 13-9　　　　　　　　　　　职业素养考核评价标准

考核项目	考核内容	配分	扣分	得分
实训纪律	服从安排,场地清扫等。违反一项扣5分	10		
安全生产	安全着装,按规程操作等。违反一项扣5分	10		
职业规范	机床预热,按照标准进行设备点检。违反一项扣5分	10		
文明生产	工具、量具、刀具定制摆放、工作台面的整洁等。违反一项扣5分	10		
清洁、清扫	清理机床内部的铁屑,确保机床表面各位置的整洁,清扫机床周围的卫生,做好设备的保养。违反一项扣5分	20		
整理、整顿	工具、量具的整理与定制管理。违反一项扣5分	20		
职业素养	严格执行设备的日常点检工作。违反一项扣5分	20		
合计		100		

13.9　总结与提升

13.9.1　项目实施情况分析

项目完成后,根据项目实施情况,分析存在的问题及原因,并填写表13-10。指导老师对项目实施情况进行讲评。

表 13-10　　　　　　　槽类零件铣削加工实施情况分析表

项目实施过程	存在的问题	解决的办法
直角槽铣削加工		
键槽铣削加工		
轴键槽铣削加工		
现场 6S 管理		

13.9.2　总结

在槽类零件铣削学习中，需全面了解相关知识。对于铣削刀具，要知晓依据槽的类型、尺寸及工件材质选择适配刀具，如铣削窄槽可选高速钢立铣刀，宽槽则考虑硬质合金三面刃铣刀，并熟悉刀具安装方法，确保安装牢固、同心。槽类零件安装方法也至关重要，要根据零件形状、尺寸和加工要求，合理选用平口钳、压板等装夹工具，保证零件定位准确。同时，清晰掌握直角槽、键槽、轴键槽各自独特的加工步骤，像直角槽先确定刀具路径，再分层铣削；键槽要精准对刀，保证键槽尺寸精度；轴键槽需结合轴的特点，合理选择装夹与加工方式。

技能层面，要能够精准进行槽类零件铣削刀具的选择与安装，动作迅速且规范。熟练完成槽类零件安装，确保零件稳固。实际加工时，可顺利进行直角槽、键槽、轴键槽的加工，把控好切削参数，保证槽的尺寸精度、形状精度。加工完成后，能运用卡尺、塞规等量具，对直角槽、键槽、轴键槽的加工质量进行细致检查，判断是否符合技术要求。此外，还需熟练掌握铣工基本知识，灵活举一反三。精准掌握对中心的方法，严格控制技术要求。熟练操作万能分度头、刻度盘，用于特殊槽类加工。透彻掌握槽类零件的加工技术要求，从尺寸公差到表面粗糙度，全方位保障槽类零件铣削质量。

项目 14　斜面、台阶、等分零件铣削加工

14.1　学习目标及任务描述

14.1.1　知识目标

(1) 了解等分零件铣削刀具选择与安装；
(2) 了解斜面、台阶、等分零件安装方法；
(3) 了解斜面、台阶、等分零件的加工步骤。

14.1.2　技能目标

(1) 能够正确进行斜面、等分零件铣削刀具选择与安装；
(2) 能够进行斜面、台阶、等分零件安装；
(3) 能够进行斜面、台阶、等分零件的加工；
(4) 能够进行斜面、台阶、等分零件的加工质量检查。

14.1.3　素质目标

(1) 具备严谨、细心、全面、追求高效、精益求精的职业素质；
(2) 养成认真、求知、实事求是的学风；
(3) 遵循安全文明生产规程、逐步形成规范操作的基本职业素养；
(4) 具备沟通协调能力、团队合作精神，以及较强的敬业精神。

14.2　任务描叙

立式铣床适合加工平面、斜面、凸台、槽、孔、齿轮等零件。本任务所涉及的斜面、

台阶、等分零件也是立式铣床的加工典型零件。通过本任务，掌握工艺卡的编写，能进行斜面、台阶、等分零件的安装、加工及质量检查。

14.2.1 工作任务卡

本任务要完成斜面、台阶、等分零件的铣削加工，其操作难度较大，学习需认真遵守表14-1斜面、台阶、等分零件铣削加工工作任务卡，仔细琢磨操作步骤、工艺要点，争取独立完成。

表 14-1　　　　　　　　　　　　　　工作任务卡

编号	14	任务名称	斜面、台阶、六等分零件铣削加工
设备型号	X5032	工作区域	机加实训中心——铣削教学区
版本	V1	建议学时	18学时
1. 金工实训工作守则			

1. 坚持安全、文明生产规范，严格遵守车间制度和劳动纪律
2. 着装规范(工作服、劳保鞋)，不携带与生产无关的物品进入车间
3. 实训现场工具、量具和刀具等相关物料的定制化管理
4. 严禁徒手清理铁屑

2. 工具、量具、刀具

类别	名称	规格型号/mm	单位	数量
工具	卡盘扳手	10	把	1
	虎钳扳手		把	1
	手锤	250	把	1
	内六角扳手	1.5~10.0	套	1
	活动扳手	200	把	1
	平行垫铁	10×50×150	片	若干
	切削屑钩	250	把	1
	卫生清洁工具		套	1
量具	游标卡尺	150	把	1
刀具	带孔铣刀		把	1
	$\phi 14$ 立铣刀	$\phi 14$	把	1
夹具	分度头		台	1

3. 工作任务

(1)正确进行斜面、台阶、等分零件铣削刀具选择
(2)独立进行斜面、台阶、等分零件安装
(3)独立进行斜面零件的加工，加工如下图所示零件，毛坯为70×50×45的铁块，材料为45钢技术要求如图所示，表面粗糙度 $Ra3.2\mu m$,锐边倒钝

续表

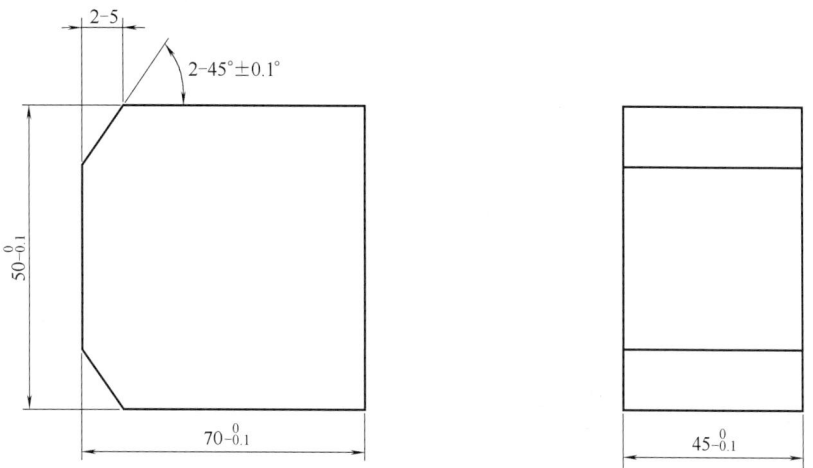

(4)独立进行台阶零件的加工,加工如下图所示零件,毛坯为70×50×45的铁块,材料为45钢技术要求如图所示,表面粗糙度 $Ra3.2\mu m$,锐角倒钝

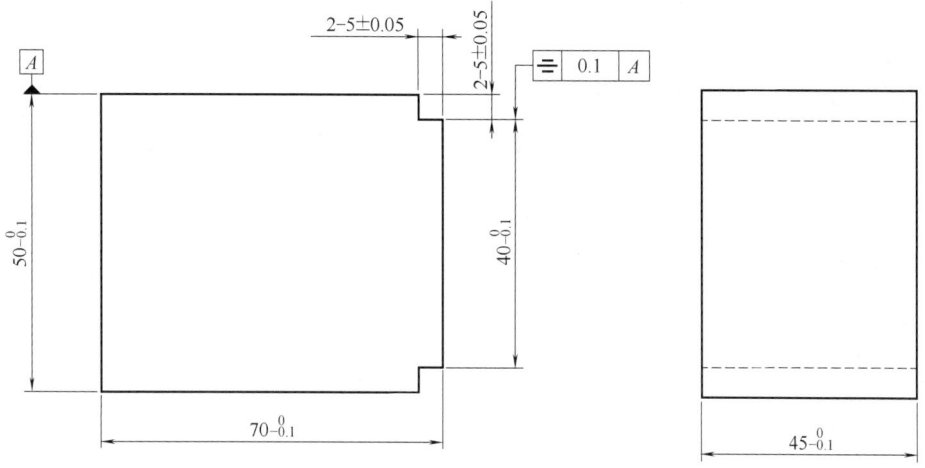

(5)独立进行六等分零件的加工,加工如下图所示零件,毛坯为 $\phi32\times120$ 的铁块,材料为45钢技术要求如图所示,表面粗糙度 $Ra3.2\mu m$,锐边倒钝

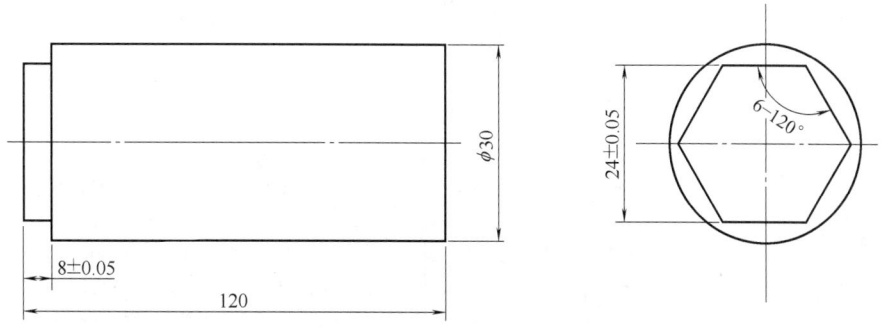

(6)正确进行斜面、台阶、等分零件的加工质量检查

续表

4. 工作准备
（1）技术资料：工作任务卡 1 份 （2）工作场地：有良好的照明、通风和消防设施等条件 （3）工具、量具、刃具：按"工具、量具、刃具"栏目准备相关工具、量具、刃具 （4）建议分组实施教学。每 2 人为一组，每组配备一台车床。通过分组讨论操作训练 （5）劳动防护：穿戴劳保用品、工作服

14.2.2 引导问题

（1）掌握万能分度头的使用方法。
（2）如何保证斜面、台阶的加工质量？
（3）等分件加工有什么注意事项？

14.3 知识链接

斜面是指与工件基准面成一定倾斜角度的平面。铣削斜面，工件、铣床、刀具之间的关系必须满足两个条件：一是工件的斜面应平行于铣削时铣床工作台的进给方向；二是工件的斜面应与铣刀的切削位置相吻合，即用圆柱铣刀铣削时，斜面与铣刀的外圆柱面相切，用端面铣刀铣削时，斜面与铣刀端面相重合。

普通铣床上铣斜面的方法有工件倾斜铣斜面、铣刀倾斜铣斜面和用角度铣刀铣斜面三种，铣斜面的要点如表 14-2 所示。

表 14-2　　　　　　　　　　铣斜面的要点

操作方法		操作图示	操作要点
工件倾斜铣斜面	按划线装夹工件铣斜面	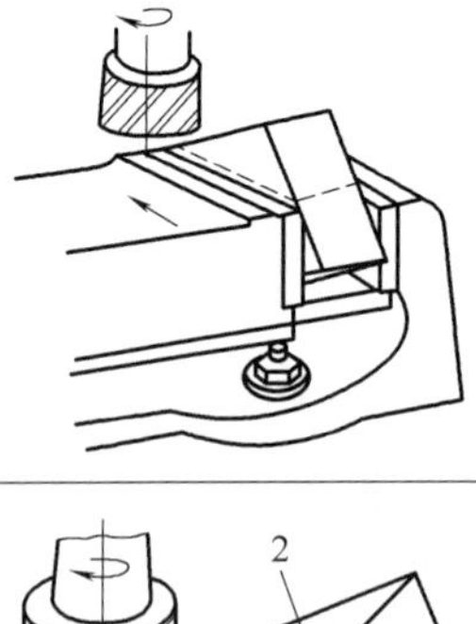	装夹工件时，使所划刻线与平口钳钳口平行，用铣刀去刻线以上的区域实体。由于在工件上划线费时，装夹和找正工件也很慢，一般用于单件生产
	用倾斜垫铁装夹铣斜面	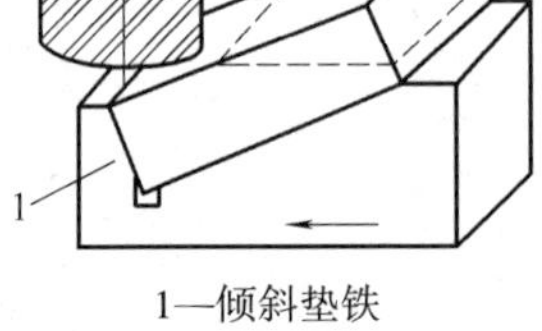 1—倾斜垫铁 2—工件	铣削时在基准面下垫一块倾斜的垫铁，铣出来的平面与基准面倾斜，其倾斜程度与垫铁的倾斜程度相同。该方法将工件置于倾斜垫铁上，再将倾斜垫铁与工件一起装夹在平口钳上，主要用于成批生产，此装夹方式要求倾斜垫铁的宽度应小于工件的宽度

续表

操作方法		操作图示	操作要点
工件倾斜铣斜面	用分度头装夹工件铣斜面	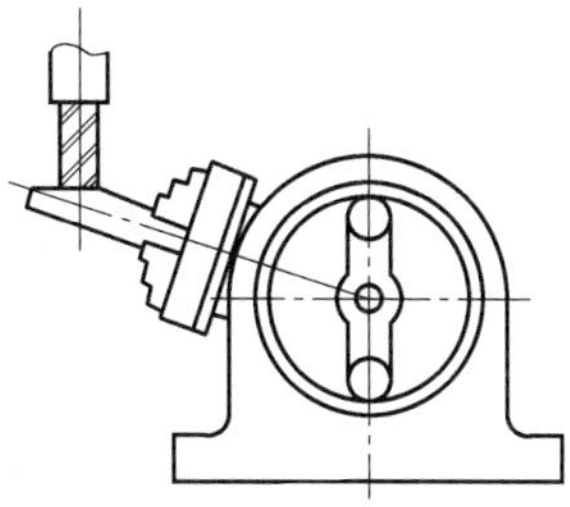	利用分度头主轴上的卡盘夹持工件,使被加工工件的轴线,倾斜成需要的角度,铣削斜面
	用靠铁装夹工件铣斜面	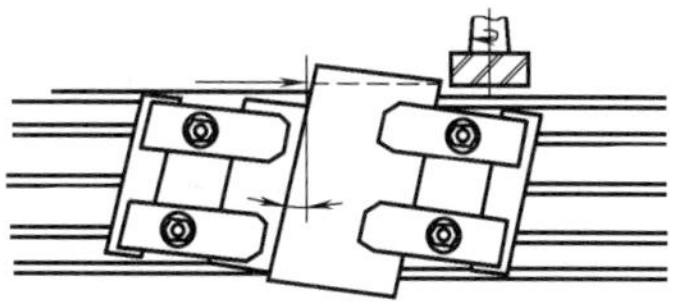	用于外形尺寸较大的工件,将工件的一个侧面靠向靠铁的基准面,用压板压紧,用铣刀铣削斜面
	调整平口钳体角度,装夹工件铣斜面	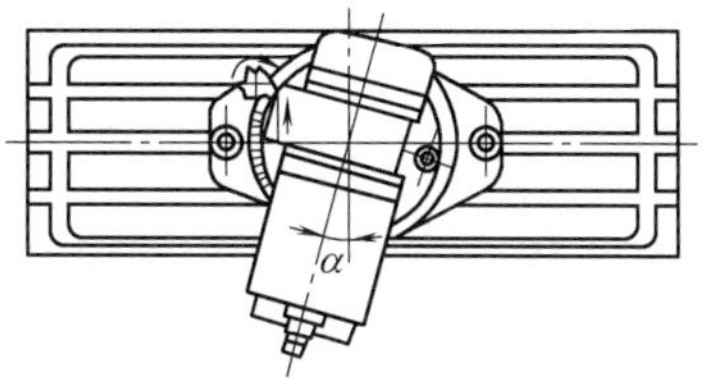 斜面与横向进给方向平行 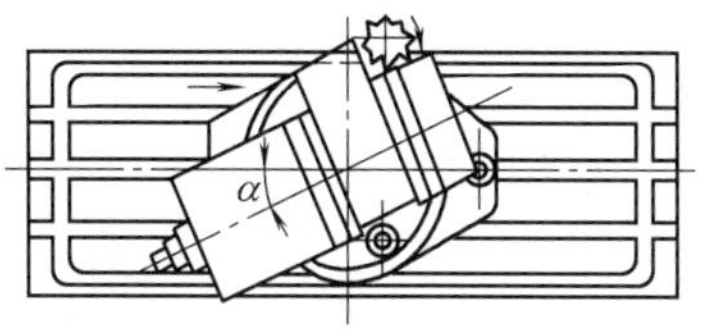 斜面与纵向进给方向平行	工件用平口钳装夹,然后将平口钳钳体旋转一定角度,再用立铣刀或端铣刀铣削斜面
铣刀倾斜铣斜面		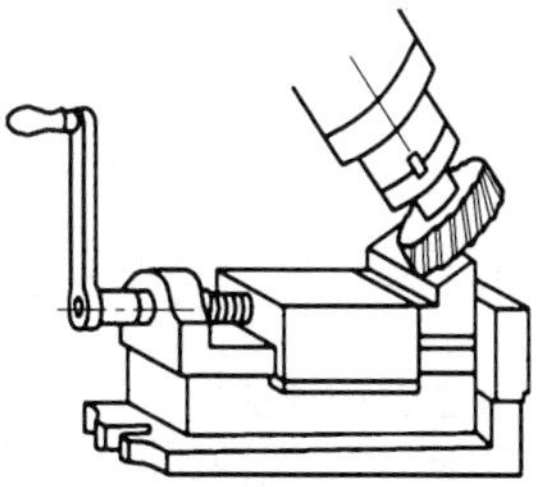	将铣床主轴按要求偏转所需角度,进行斜面铣削
用角度铣刀铣斜面		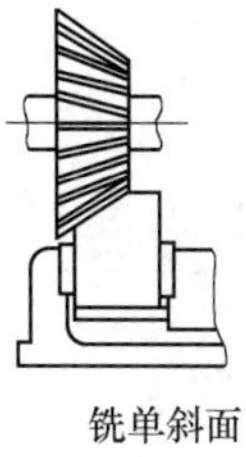 铣单斜面 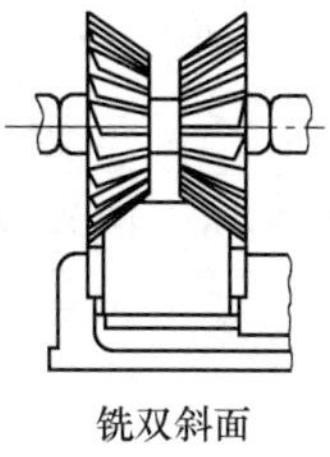　　铣双斜面	斜面的倾斜角度由铣刀保证。此方法由于受铣刀刀刃宽度的限制,只适用于宽度较窄的斜面

14.4 工作计划：斜面铣削加工

斜面加工方法二
(零件偏转)图纸
分析及加工准备

斜面加工方法二
(零件偏转)
加工操作

按照图纸要求完成零件，零件如图 14-1 所示，评分标准如表 14-3 所示，加工工艺如表 14-4 所示。

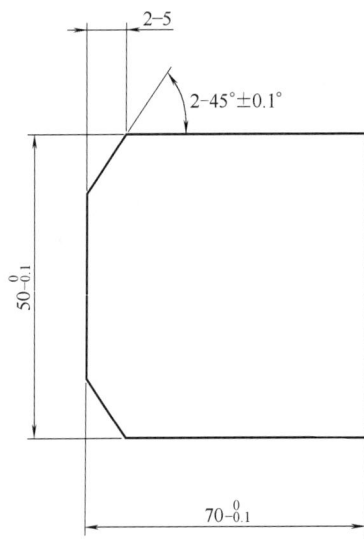

技术要求：表面粗糙度 Ra 3.2
锐边倒钝

图 14-1 斜面

表 14-3　　　　　　　　　　斜面加工评分标准

考核内容	配分	评分细则	扣分	得分
5(两处)	50	每超差 0.02mm 扣 1 分,扣完为止		
45°±15′(两处)	40	每超差 1′扣 1 分,扣完为止		
表面粗糙度 Ra 3.2	10	参照表面粗糙度样块酌情扣分		

1. 锐角无倒钝,或倒钝尺寸太大,酌情扣 5~10 分
2. 工件表面划伤、碰伤,每处酌情扣 5~10 分

表14-4　　　　　　　　　　　　　斜面加工工艺过程卡

普通零件加工工艺卡片			产品名称	零件名称	材　料	零件图号
				斜面铣削	Q235	
工序号	编号	夹具名称	夹具编号	辅助工具		铣床
	4	机用虎钳				X5032
工步号	工步内容		工具	刀具	主轴转速/ （r/min）	进给速度/ （mm/s）
1	分析图纸,清点工量具					
2	划角度线		划线针			
3	划深度线		划线针			
4	按划好的角度线装夹零件,角度线和钳口平齐		老虎钳			
5	对刀,粗加工斜线,按线加工留余量,去毛刺		端铣刀	硬质合金刀片	375	118
6	测量,精加工斜面		万能角度尺		375	118
7	去毛刺		180目砂纸	细平锉		
8	交检					

14.5　工作计划：台阶铣削加工

台阶类零件
加工方法
图纸分析及
加工准备

台阶类零件
加工方法
台阶一的加工

台阶类零件
加工方法
台阶二的加工

按照图纸要求完成零件，零件如图14-2所示，评分标准如表14-5所示，加工工艺如表14-6所示。

表14-5　　　　　　　　　　　　　台阶加工评分标准

考核内容	配分	评分细则	扣分	得分
$40_{-0.1}^{0}$	30	每超差0.02mm扣1分,扣完为止		
5±0.05	30	每超差0.02mm扣1分,扣完为止		
⚏0.1	30	每超差0.02mm扣1分,扣完为止		
台阶表面粗糙度	10	参照表面粗糙度样块酌情扣分		

1. 锐角无倒钝,或倒钝尺寸太大,酌情扣5～10分
2. 工件表面划伤、碰伤,每处酌情扣5～10分

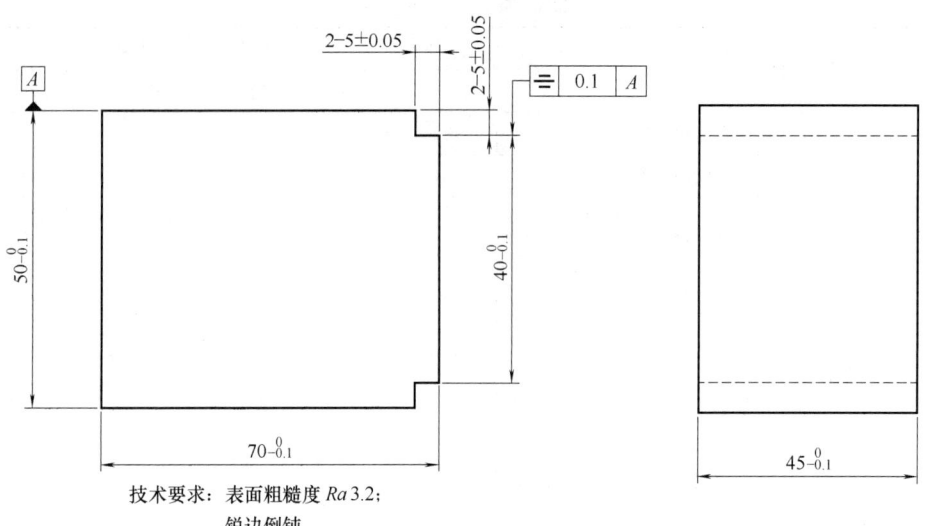

技术要求：表面粗糙度 $Ra\,3.2$；
锐边倒钝

图 14-2　台阶

表 14-6　台阶加工工艺过程

普通零件加工工艺卡片			产品名称	零件名称	材　料	零件图号
				台阶铣削	Q235	
工序号	编号	夹具名称	夹具编号			铣　床
	5	机用虎钳				X5032
工步号		工步内容	工具	刀具	主轴转速/(r/min)	进给速度/(mm/s)
1		分析图纸,清点工量具				
2		安装工件,对刀,对刀时可将大头针用黄油粘在刀头上,手动工作台往复走一遍,确保工件安装保持与工作台平行,调整工作台,控制左台阶宽度,留0.2mm余量	大头针、黄油	立铣刀	550	
3		上表面对刀(同工步2),粗加工左台阶,台阶深度留0.2mm余量	大头针、黄油	立铣刀	550	
4		去毛刺,测量,精加工左台阶	砂纸、游标卡尺		550	
5		同样方法粗精加工右台阶(右台阶加工测量时要量基准尺寸)	游标卡尺		550	
6		去毛刺	砂纸	细平锉		
7		交检				

14.6　工作计划：等分件铣削加工

按照图纸要求完成零件，零件如图 14-3 所示，评分标准如表 14-7 所示，加工工艺如表 14-8 所示。

等分件加工方法
图纸分析及
加工准备

等分件加工方法
粗加工

等分件加工方法
精加工

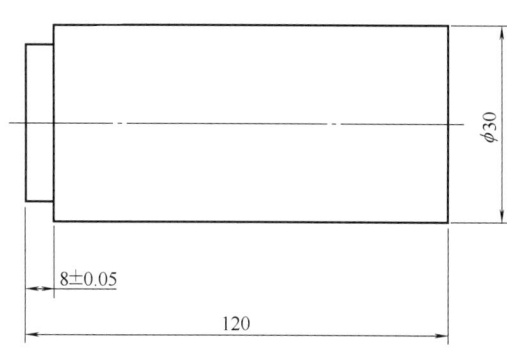
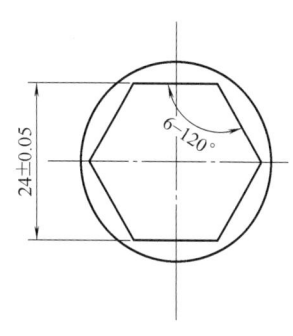

图 14-3　等分件

表 14-7　　　　　　　　　　　台阶加工评分标准

考核内容	配分	评分细则	扣分	得分
24±0.05	30	每超差 0.02mm 扣 1 分,扣完为止		
8±0.05	30	每超差 0.02mm 扣 1 分,扣完为止		
角度 120°	10	每超差 15′扣 1 分		
//0.05	20	每超差 0.02mm 扣 1 分,扣完为止		
表面粗糙度	10	参照表面粗糙度样块酌情扣分		

1. 锐角无倒钝,或倒钝尺寸太大,酌情扣 5~10 分
2. 工件表面划伤、碰伤,每处酌情扣 5~10 分

表 14-8　　　　　　　　　　　台阶加工工艺过程卡

普通零件加工工艺卡片			产品名称	零件名称	材料
				等分件	Q235
工序号	编号	夹具名称	夹具编号	使用设备	
	6	万能分度头		XJ6325T	
工步号	工步内容		工具	刀具	主轴转速/ (r/min)
1	分析图纸,清点工量具				
2	装夹工件,校正工件		分度头		
3	贴纸对刀,调整等分件宽度,留 0.2mm 余量		薄纸	立铣刀	550
4	圆棒上最高点对刀,工件退出,调整切削深度(工件余量的一半减去 0.2mm)			立铣刀	550

续表

工步号	工步内容	工具	刀具	主轴转速/(r/min)
5	加工等分件第一个面,工件退回		立铣刀	550
6	万能分度头分度,工件旋转1/6圈			
7	加工工件第二个面,工件退回,再分度,如此反复,直至六个面加工完成,粗加工完成		立铣刀	
8	去毛刺	砂纸	细平锉	
9	测量,精加工(过程同上)	游标卡尺	立铣刀	
10	去毛刺		细平锉	
11	交检			

14.7 安全注意事项

（1）按图纸施工，按工艺施工；严谨细致，按章操作；
（2）确定铣削方式（顺铣或逆铣）后，严格按照工艺参数进行加工。
（3）使用调整法对刀时，务必完全对好中心，确保加工精度。
（4）合理规划刀具路径，避免刀具在切入和切出时产生崩刃或过切现象。
（5）控制好每刀的切削深度，防止因切削力过大导致零件变形或刀具损坏。同时，注意台阶面的平整度和垂直度，及时调整加工参数。
（6）熟练掌握万能分度头的使用方法，根据零件的等分要求准确调整分度头参数。
（7）在加工过程中，要保证每一等分的加工精度一致，通过试切、测量等方式进行验证和调整。

14.8 考核与评价

作为一门专业实践课，职业素养、操作规范和劳动教育是贯穿整个课程的过程性考核，具体评价项目及标准如表14-9所示。

表14-9　　　　　　　　　　职业素养考核评价标准

考核项目	考核内容	配分	扣分	得分
实训纪律	服从安排,场地清扫等。违反一项扣5分	10		
安全生产	安全着装,按规程操作等。违反一项扣5分	10		
职业规范	机床预热,按照标准进行设备点检。违反一项扣5分	10		
文明生产	工具、量具、刀具定制摆放、工作台面的整洁等。违反一项扣5分	10		

续表

考核项目	考核内容	配分	扣分	得分
清洁、清扫	清理机床内部的铁屑,确保机床表面各位置的整洁,清扫机床周围的卫生,做好设备的保养。违反一项扣5分	20		
整理、整顿	工具、量具的整理与定制管理。违反一项扣5分	20		
职业素养	严格执行设备的日常点检工作。违反一项扣5分	20		
合计		100		

14.9 总结与提升

14.9.1 项目实施情况分析

项目完成后,根据项目实施情况,分析存在的问题及原因,并填写表14-10。指导老师对项目实施情况进行讲评。

表14-10　斜面、台阶、等分零件铣削加工实施情况分析表

项目实施过程	存在的问题	解决的办法
斜面铣削加工		
台阶铣削加工		
等分件铣削加工		
现场6S管理		

14.9.2 总结

在斜面铣削学习中,需掌握多方面知识。铣削刀具的选择与安装是基础,要依据工件材质、斜面角度和加工要求,合理挑选刀具。例如,加工硬度较高的材料可选硬质合金刀具,对于小角度斜面,立铣刀较为适用。同时,要熟悉刀具安装步骤,确保刀具安装牢固,切削刃与工件斜面保持正确角度。

零件安装方法同样重要，根据工件形状、尺寸及加工特点，可选用平口钳、压板等工具进行安装。安装时，务必保证工件定位精准，以满足斜面加工的精度要求。此外，要清晰了解斜面的加工步骤。首先需确定加工工艺，如选择合适的铣削方式（顺铣或逆铣）；其次进行对刀操作，使用调整法准确对好中心，这一步至关重要，直接影响加工精度，务必确保完全对好中心；最后按照既定工艺参数进行铣削加工，过程中需密切关注切削状态。

在技能层面，要能够精准且迅速地完成斜面铣削刀具的选择与安装。熟练运用平口钳、压板等工具，正确安装斜面零件，保证零件稳固。实际加工时，能够按照加工步骤顺利进行斜面铣削，合理控制切削参数，确保斜面的尺寸精度、角度精度以及表面粗糙度符合要求。加工完成后，运用卡尺、角度尺等量具，细致检查斜面的加工质量，判断是否达标。同时，要反复练习，熟练掌握直槽、键槽对称度的控制，这对涉及斜面的复杂零件加工十分关键。此外，要熟练掌握万能分度头的正确使用方法，用于特殊斜面角度的加工。持续练习斜面加工方法，不断提升加工技能，保障斜面铣削质量。

参 考 文 献

[1] 朱定见,等. 金工实训 [M]. 成都:电子科技大学出版社. 2014.
[2] 陈宏钧. 实用机械加工工艺手册 [M]. 4版. 北京:机械工业出版社. 2016.
[3] 邹慧君,傅祥志,张春林,等. 机械原理 [M]. 北京:高等教育出版社. 1999.
[4] 须建云,屠国栋. 车工 [M]. 北京:科学出版社. 2009.
[5] 陈宏钧. 实用机械加工工艺手册 [M]. 4版. 北京:机械工业出版社. 2019.
[6] 陈玨,雷鸣,曾勇刚. 金工实训 [M]. 重庆:重庆大学出版社. 2016.
[7] 唐克岩. 金工实训 [M]. 重庆:重庆大学出版社. 2015.
[8] 尹成湖. 机械切削加工常用基础知识手册 [M]. 北京:科学出版社. 2016.
[9] 任正义. 机械制造工艺基础 [M]. 北京:高等教育出版社. 2010.
[10] 郑修本. 机械制造工艺学 [M]. 北京:机械工业出版社,2011.